Schriftenreihe der Forschungsstelle für Energiewirtschaft · Band 13

Aus den Arbeiten der
Forschungsstelle für Energiewirtschaft, München
und des
Lehrstuhls für Energiewirtschaft und Kraftwerkstechnik der Technischen Universität München

Wissenschaftliche Redaktion: H. Schaefer

Der Leistungsbedarf und seine Deckung

Analysen und Strategien

VDI/VDE/GFPE-Tagung
in Schliersee am 16./17. Mai 1979

Springer-Verlag
Berlin Heidelberg New York 1979

Professor Dr.-Ing. Helmut Schaefer
Ordinarius an der Technischen Universität München
Lehrstuhl für Energiewirtschaft und Kraftwerkstechnik
Wissenschaftlicher Leiter der Forschungsstelle für Energiewirtschaft München

ISBN-13: 978-3-540-09427-2 e-ISBN-13: 978-3-642-81354-2
DOI: 10.1007/978-3-642-81354-2

8000 München 40 , Schwindstraße 5, Telefon 52 60 81

INHALTSVERZEICHNIS

STRUKTURFRAGEN DER DEUTSCHEN ELEKTRIZITÄTSVERSORGUNG

von Dr.-Ing. E.h. Helmut Meysenburg

Meine sehr verehrten Damen,
meine Herren,

im Namen der von mir vertretenen "Gesellschaft für praktische Energiekunde" möchte ich Sie zunächst recht herzlich begrüßen.

Ursprünglich sollte ich nur einige Begrüßungsworte zu Ihnen sprechen. Da aber zur Zeit Strukturfragen der Elektrizitätsversorgung, vor allem Fragen der Abgrenzung der Versorgungsgebiete und der Durchleitung, lebhaft in der breiten Öffentlichkeit diskutiert werden und dabei zu oft, wenn man die Maßstäbe der Warenproduktion und des Warenhandels an die Stromversorgung anlegt, falsche Bilder entstehen, kann ich es mir als alter Elektrizitätswerksmann nicht versagen, die Gelegenheit zu benutzen, einmal darauf hinzuweisen, wie sehr die strukturelle Gestaltung und die wirtschaftliche Problematik insbesondere der Elektrizitätsversorgung durch ihre zeitlich unterschiedliche Inanspruchnahme durch die Verbraucher, also letztlich durch das Lastdeckungsproblem, beeinflußt ist. Gestatten Sie mir, daß ich dabei auf wissenschaftliche Exaktheit verzichte und mich in dem Wunsch, daß die Darlegungen auch Nichtingenieure überzeugen sollen, allgemein verständlicher Vergleiche bediene, die das Grundsätzliche herausstellen.

Im allgemeinen denkt man, wenn von der besonderen Eigenart der Stromversorgung gesprochen wird, nur an die Leitungsgebundenheit. Natürlich kann man nur Strom beziehen, wenn man an das Leitungsnetz angeschlossen ist. Aber das hat die Elektrizitätsversorgung mit der Gas- und Wasserversorgung gemein. Seit dem Übergang vom Gleichstrom zum Drehstrom zu Beginn dieses Jahrhunderts ist jedoch das Kriterium der Nichtspeicherbarkeit der elektrischen Energie viel bedeutungsvoller.

Der Strom muß im gleichen Augenblick, in dem seine Dienstleistung begehrt wird, auch erzeugt werden. Das unterscheidet ihn von der ebenfalls leitungsgebundenen Gas- und Fernwärmeversorgung. Was derjenige, der einen elektrischen Schalter betätigt, sich wohl kaum je vergegenwärtigt, ist, daß seine Schalthandlung zugleich mit denen anderer, die gleichzeitig ihren Schalter betätigen, einen Steuerimpuls auf die das Netz versorgenden Maschinengruppen gibt. Die Steuerung erfolgt über die Frequenz im Netz. Auf die technischen Zusammenhänge wird im Verlauf der beiden Vorträge von Herrn Professor Schaefer und Herrn Direktor Loew noch eingegangen.

Wenn der Druck in einem Wasserrohrnetz fällt, dreht man einfach etwas weiter auf und bekommt doch immer noch Wasser, wenn auch nicht ganz so viel, wie man will. Beim Gas brennt die Flamme etwas kleiner und das Kochen dauert etwas länger. Bei Wasser und Gas ist die Druckregelung, weil Masse bewegt werden muß, ein langsamer Vorgang. Bei masselosem Energietransport durch Strom muß die Erzeugungsanlage auf jede Laständerung sofort reagieren. Die frequenzabhängigen Regler der Antriebsmaschinen müssen die Antriebsenergie so ändern, daß die Drehzahl und somit die Frequenz erhalten bleibt. Können die Stromerzeugungsanlagen der Leistungsanforderung nicht mehr entsprechen, so ist die in der Schwungmasse der Generatoren gespeicherte Energie in Sekundenschnelle verbraucht und die Frequenz fällt, d.h. die Maschinen laufen langsamer, wenn ihre Antriebsleistung bis zur Grenze der Leistungsfähigkeit ausreguliert ist; genauso wie das Auto am Berg trotz Vollgas langsamer läuft, wenn die Motorleistung nicht mehr ausreicht. Auch durch Spannungsregulierung ist, wie manchmal irrtümlich angeommen wird, nichts zu machen. Mit Ausnahme von Glühlampen und elektrischen Widerstandheizungen sind alle Stromverbraucher frequenzabhängig. Eine Frequenzerniedrigung um nur 1 % über einen Tag hat zur Folge, daß angeschlossene Synchronuhren fast eine Viertelstunde nachgehen; angeschlossene Kreiselpumpen haben z.B. 3 % weniger Förderleistung.

Ausschlaggebend ist aber, daß die Dampfkraftwerke selbst von einer gewissen Grenze an in ihrer Leistungsfähigkeit von der Frequenz abhängig werden. Viele Nebeneinrichtungen, wie Pumpen, Transporteinrichtungen für den Brennstoff, Kohlenmühlen, oder was es sonst sein mag, laufen mit fallender Frequenz langsamer.

Damit verschlechtert sich u.a. die Motorkühlung, so daß die Anlagen zum Schutz der Maschinen abgeschaltet werden müssen.

So führt schon eine relativ geringe Frequenzabsenkung sehr schnell zu einer Minderung der Erzeugung, das wieder, wenn im Netz keine Entlastung durch Abschaltungen oder Aushilfe durch andere Kraftwerke erfolgt, in einer Kettenreaktion zu weiterem Absinken der Frequenz, so daß, wenn nicht schnell genug wieder Gleichgewicht zwischen Verbrauch und Erzeugung hergestellt wird, die Anlagen sehr schnell ganz zum Erliegen kommen. Das von ihr gespeiste Netz bricht zusammen und ist dann, wie uns die New Yorker Vorkommnisse und neuerdings die Störung in Frankreich bewiesen haben, sehr schwierig und langwierig wieder in Gang zu bringen.

Leistungsmangel, gekennzeichnet durch fallende Frequenz, ist deshalb dasSchreckgespenst für jeden Elektrizitätswerker.

Sind, wie fast immer, mehrere Erzeugungsaggregate - im westeuropäischen Verbund sind so viele hunderte - im Verbundbetrieb in einem Netz zusammengeschaltet, so laufen sie alle mit der gleichen Frequenz und in gleichem Schritt und Tritt. Sie helfen einander automatisch aus physikalischen Gegebenheiten, den Bedarf zu decken und die Frequenz zu halten. Dabei deckt jede Maschine oder jedes Kraftwerk zunächst den Bedarf des eigenen Bereiches. Aber Überfluß fließt automatisch zum Nachbarn ab, Mangel wird vom Nachbarn automatisch behoben, falls dort nicht die gleiche Situation, also gleichermaßen Überfluß oder Mangel herrscht.

Dabei kann es dann aber vorkommen, daß, wie es selbst bei einem guten Gespann auch ist, der stärkere Gaul einmal etwas vorzieht, der schwächere zurückbleibt. Der Fachmann nennt das voreilende oder nacheilende Winkelverschiebung; der voreilende übernimmt zuviel, der nacheilende weniger Last. Genau wie beim Pferdegespann darf, wenn die Zusammenarbeit klappen soll, diese gegenseitige Verschiebung aber nicht zu groß werden, sonst bricht der Verbund zusammen. Man darf also der physikalisch bedingten Tendenz der automatischen gegenseitigen Aushilfe nicht beliebig freien Lauf lassen.

Ein solches Zusammenspiel der einzelnen Maschinen und Kraftwerke funktioniert aber nur, wenn nicht nur die Einhaltung der Frequenz, sondern auch die Belastung der Verbindungsleitungen zwischen den einzelnen Verbrauchsschwerpunkten und Erzeugungsstellen geregelt ist. Leitungen können auch nur kurzfristig und in gewissem Umfang überlastet werden, sonst werden sie beschädigt. Deshalb werden auch sie, wenn die Überlastung gefährliche Grenzen erreicht, automatisch abgeschaltet.

Das Zusammenwirken der einzelnen, im Netz miteinander verbundenen Kraftwerke muß also durch Beeinflussung der Reglercharakteristik der einzelnen Maschinen gesteuert werden. Das kann dadurch geschehen, daß man die Geschwindigkeit und die Intensität, mit der die Regler auf eine Änderung der Frequenz ansprechen, den jeweils gegebenen Notwendigkeiten entsprechend einstellt. Damit läßt sich dann der Anteil der einzelnen Maschinen an der Aufbringung der Gesamtleistung regulieren.

Dazu bedarf es einer Organisation mit Kommandogewalt über alle angeschlossenen Produktionsanlagen und Schaltstellen (meist Lastverteilung oder Schaltleitung genannt) sowie sorgfältig ausgefeilter, aufeinander abgestimmter technischer Einrichtungen, aber auch beim Verbundbetrieb verschiedener Kraftwerke bzw. Unternehmungen verbindlicher Absprachen über deren Einsatz und laufender Verständigung zwischen den die Kraftwerke und Kraftwerksmaschinen steuernden Schaltleitungen. Das sichere Funktionieren dieses Zusammenspiels ist so wichtig, daß dafür im Rahmen des westeuropäischen Elektrizitätsverbundes EVU-eigene Fernsprech-, Fernschreib-, Fernmeß- und Fernsteuereinrichtungen zwischen den wichtigsten Betriebspunkten von Wien bis Madrid und von Hamburg bis Rom betrieben werden.

Im Rahmen der UCPTE (Union pour la Coordination de la Production et du Transport de l'Electricité) - einer unter Hinzuziehung von Vertretern der zuständigen staatlichen Behörden von den großen am grenzüberschreitenden Stromverkehr beteiligten Elektrizitätsversorgungsunternehmen gegründeten Vereinigung - sind in langjähriger Arbeit für diesen Verbundbetrieb verbindliche Regeln getroffen worden. Wenn sie im grenzüberschreitenden Verkehr funktionieren sollen, müssen sie natürlich erst recht auch bei der inländischen Zusammenarbeit der an das Verbundnetz angeschlossenen Stromerzeugung Anwendung finden.

Unter dem Namen "Leistungsfrequenzregelung" ist dazu ein System aufgebaut worden, das neben den durch den Trend der Frequenzänderung gekennzeichneten wechselnden Ansprüchen der Verbraucher auch die Lastverteilung auf die einzelnen Kraftwerke und die Belastungsverhältnisse der Kuppelleitungen, also auch die Austauschleistung zwischen den verschiedenen Lastschwerpunkten und Erzeugungsstellen, berücksichtigt und dabei auch einen abgesprochenen Energieaustausch zwischen den zusammenarbeitenden Partnern einregelt.

Das ist unbedingt nötig. Wäre das nicht der Fall, so könnte es leicht zu ungewollten Lastflüssen oder Überlastungen der Verbindungsleitungen und der zwischengeschalteten Transformatoren kommen, die dann im Grenzfall zu automatischem Ansprechen der Sicherheitseinrichtungen führen und Leistungen und/oder Transformatoren automatisch abschalten würden.

Kommt es zu solchen Abschaltungen, so wird dadurch aber nicht nur der ungewollte Stromfluß, der zur Auslösung geführt hat, sondern auch der planmäßige Leistungstransport unterbrochen. Gibt es, wie in einem vermaschten Netz üblich, Parallelverbindungen oder Ringschlüsse, so geht der unterbrochene Fluß auf diese Leitungen über, diese - wahrscheinlich auch schon erheblich belastet - kommen ebenfalls in den Überlastbereich und in einer Kettenreaktion folgt dann eine Leitungsabschaltung der anderen. Das Netz bricht infolge Leistungsmangel zusammen.

Aber auch ein Leistungsüberschuß ist gefährlich, denn hierbei steigt die Frequenz, so wie der Automotor mit höherer Drehzahl aufheult, wenn plötzlich die Kupplung getreten wird. Natürlich sprechen auch darauf die Frequenzregler der Maschinen an. Aber während der Lastanstieg meist langsam erfolgt, so daß die Regler ihm gut folgen können, erfolgt der Lastabwurf meist plötzlich und die Regler haben Mühe und brauchen Zeit, bis sie ihn wieder ausgleichen können. Dauert das zu lange, so können Schäden mancherlei Art auftreten. Überfrequenzen können auch zu Resonanzerscheinungen in den Netzen führen, die ungewollte Leitungsauslösungen zur Folge haben können. Überfrequenz muß deshalb auch vermieden werden.
Das elektrische Versorgungsnetz ist eben kein Topf, in den man an beliebiger Stelle nach eigenem Ermessen Kilowattstunden hineinpumpen kann. Das Netz kann nie mehr aufnehmen als im gleichen Augenblick herausgeht.

Das muß berücksichtigt werden, wenn man an die Aufnahme von Überschußleistung aus Industriekraftwerken in das öffentliche Netz denkt, die ja - das ist das Charakteristische der Überschußeinspeisung - lediglich nach den jeweiligen Interessen des Liefernden erfolgt und die Verhältnisse im Netz unberücksichtigt läßt.

Wenn man aber, ohne daß sich die Frequenz erhöht, nie mehr Energie in ein Netz einspeisen kann als gerade abgenommen wird, muß der Lastverteiler, wenn Dritte ungeplant einspeisen, die Erzeugung planmäßig eingesetzter Kraftwerke entsprechend zurücknehmen. Dadurch werden diese Kraftwerke natürlich nicht überflüssig, weil sie sofort wieder einspringen müssen, wenn die Überschußeinspeisung zurückgeht. Eingespart wird also auf der Versorgungsseite durch die Aufnahme des Überschußstromes lediglich der Brennstoff, den die zurückfahrenden Kraftwerke sonst für ihre Lieferung gebraucht hätten.

Schwierige Verhältnisse entstehen auch bei den sogenannten Durchleitungen, wenn sich Einspeisung und Abnahme nur nach den Bedürfnissen der Partner richten, wobei zunächst einmal absolute Gleichheit von Einspeisung und Abnahme nach Zeit und Menge kaum je zu erreichen ist und außerdem die Verhältnisse im Netz, besonders der Leistungsfluß auf den Leitungen - für Einspeiser und dessen Abnehmer völlig uninteressant -, unberücksichtigt bleibt.

Würde so etwas in größerem Umfang - sei es nach der Zahl der Fälle, sei es nach der Leistungshöhe - zur Regel werden, könnten chaotische Zustände entstehen, die die Sicherheit der Belieferung der Normalabnehmer gefährden. Die EVU haben ihre Netze so gebaut und ausgelegt, daß die Energie von den Kraftwerken zu den Verbrauchern sicher und mit geringsten Verlusten übertragen werden kann. Wird Energie an anderen Punkten eingespeist, stimmt dieser Lastfluß nicht mehr. Praktisch sind Durchleitungen nur möglich, wenn Lieferant und Empfänger sich dem Kommando des zuständigen Lastverteilers unterstellen und sich dessen Anordnungen durch den Leistungsfluß steuernde Beeinflussung ihrer eigenen Maschinen auf beiden Seiten anpassen.

Welche Folgen Leistungsmangel und ungewollte Leistungsflüsse im Netz haben können, hat uns erneut die letzte große Störung in Frankreich gezeigt. In vereinfachter Darstellung lief diese Störung wie folgt ab:
Das deutsche, das belgische und das Schweizer Netz, alle untereinander und mit dem französischen Netz gekoppelt, lieferten vereinbarungsgemäß kurz vor der Störung in das durch verzögerte Fertigstellung neuer Kraftwerke leistungsschwache französische Netz rund 3000 MW. Auch aus den elsaß-lothringischen Kraftwerken einschließlich des Kernkraftwerkes Fessenheim floß ein erheblicher Teil der Leistung in das Innere Frankreichs. Durch weiteren Leistungsabfall in Kraftwerken der Pariser Region - vielleicht eine Folge wegen Streiks verzögerter oder unterbliebener Unterhaltsarbeiten? - wuchs der Bezug von Osten automatisch stärker an.
Das führte dazu, daß zunächst eine der aus dem lothringischen Raum nach Paris führenden 400 kV-Leitungen durch Überlast auslöste. Die bislang von dieser Leitung transportierte Energie verteilte sich nach den durch Betriebsspannung, Leitungslänge, Leitungsquerschnitt und Unterwegsbelastung gegebenen technischen Daten automatisch auf die restlichen Leitungen. Da es nicht schnell genug gelang, Entlastungen im innerfranzösischen Netz durchzuführen, lösten auch diese Leitungen nach der eingestellten Schutzzeit nacheinander aus.

Damit war das innerfranzösische Netz auf der Ostseite vom westeuropäischen Verbund gelöst. Nur der östliche Teil Frankreichs, Elsaß-Lothringen und der Raum von der Ostgrenze Frankreichs bis etwa Nancy, blieben mit dem deutschen und dem Schweizer Netz gekoppelt und damit von der Störung verschont. Im übrigen französischen Raum brach die Versorgung bis auf ähnliche Grenzgebiete im Osten und Süden, nachdem auch die Kuppelleitungen nach Spanien und Italien durch Überlast auslösten, völlig zusammen. Bis auch die letzten Gebiete (Bretagne und Normandie) wieder versorgt waren, hat es viele Stunden gedauert. Auch für den Pariser Raum dauerte die Störung einige Stunden.

Ein Übergreifen der Störung auf den ostwärtigen Teil des Verbundnetzes durch die infolge Entlastung der Kraftwerke steigende Frequenz konnte vermieden werden. Als Ersatz für die ausgefallene Lieferung nach Frankreich konnte schnell genug 1200 MW Pumpleistung im Schluchseewerk ans Netz geschaltet werden. Diese Pumpleistung blieb einige Minuten, d.h. solange bis die deutschen im Verbund zusammengeschalteten Dampfkraftwerke auf den neuen stationären Zustand eingependelt waren, in Betrieb und fing deren Leistungsüberschuß auf. So blieb der ostwärtige Teil des westeuropäischen Verbundnetzes in Ordnung und konnte beim späteren Wiederaufbau des französischen Netzes nutzbare Hilfe leisten.

Die getroffenen Vereinbarungen, die bestehenden technischen Einrichtungen, vor allem aber auch die Verständigung zwischen den zuständigen Lastverteilern hatten sich in diesem Bereich bewährt.

Alles das kann aber nur funktionieren, wenn überhaupt ausreichende Leistung zur Verfügung steht, um dem maximal auftretenden Bedarf zu entsprechen. Eine sichere Vorausschätzung dieser Größe ist deshalb wichtigste Aufgabe eines jeden Versorgungsunternehmens. Hiernach sind die Erzeugungskapazitäten der Kraftwerke und das Übertragungsvermögen der Leitungen und Verteilungsnetze auszurichten.

Jeder an das Netz angeschlossene Verbraucher kann ja durch Betätigung seiner Schalter ohne Vorankündigung nach seinem eigenen freien Willen so viel Leistung dem Netz entnehmen, wie seine angeschlossenen Geräte gerade benötigen. Der Verbrauch aller gleichzeitig eingeschalteten Geräte der verschiedensten angeschlossenen Abnehmer summiert sich auf den Zuleitungen und im Netz. Es gibt Tageszeiten, an denen die Gleichzeitigkeit des Bedarfes der verschiedenen Abnehmer ganz besonders ausgeprägt ist. Das sind die sogenannten Spitzenbelastungszeiten. Diesem Spitzenbedarf müssen alle Anlagen des Versorgungsunternehmens gewachsen sein.

Darüber hinaus muß natürlich Vorsorge für einen etwaigen Ausfall von Anlagen oder Anlageteilen getroffen werden. Dafür wird eine ausreichende, nach der Erfahrung bemessene "Störungsreserve" gebraucht. Man muß aber auch damit rechnen, daß der Spitzenbedarf steigt; z.B. durch Bevölkerungszuwachs, Gründung neuer Familien, neue gewerbliche und industrielle Anlagen oder deren Erweiterung. Aber auch die Entlastung des Menschen von körperlicher Arbeit und der Wunsch nach mehr Freizeit erfordern auf der ganzen Linie erhöhten Stromeinsatz. Neue Anwendungsgebiete für den Strom kommen hinzu. So wird man z.B. für die Ölsubstitution mit erhöhtem Strombedarf für den Betrieb von Wärmepumpen rechnen müssen. Um diesem wachsenden Bedarf gerecht zu werden, ist eine "Zuwachsreserve" notwendig. Auch sie muß geschätzt werden. Dabei muß man immer auf der sicheren Seite liegen, denn die Folgen zu geringer Schätzung führen zu Leistungsmangel, dessen Auswirkungen wir kennengelernt haben.

In der Presse war zu lesen, daß der Stromausfall in Frankreich im Dezember 1978 in der französischen Wirtschaft einen Produktionsausfall von etwa 3 Milliarden FF, also rund 1,3 Milliarden DM, bewirkt hat; die Unannehmlichkeiten, die der Bevölkerung dadurch entstanden sind, nicht eingerechnet. Die Zahlen dürften zeigen, wie wichtig Störungs- und Zuwachsreserve sind und welche Bedeutung ihrer zuverlässigen Schätzung zukommt.

Voraussetzung für eine sichere Schätzung ist aber auf jeden Fall die feste Abgrenzung des Raumes, auf den sich die Schätzung zu erstrecken hat, d.h. die Festlegung des Versorgungsgebietes, auf das sich die Verantwortung für die ausreichende und sichere Belieferung erstreckt.
Die Schätzung kann natürlich nicht nur auf den Bedarf der nächsten Zeit beschränkt sein, sondern muß im Hinblick auf die lange Abschreibungsdauer für alle Anlagen der Versorgung mit weitem Blick in die Zukunft schauend erfolgen, aber auch deshalb, weil sowohl bei Kraftwerken als auch bei Leitungsanlagen eine erhebliche Kostendegression in Abhängigkeit von der Erzeugungs- bzw. Übertragungskapazität der Anlagen gegeben ist, so daß die Erstellung größerer, auch im Augenblick noch nicht benötigter Kapazitäten (bei Leitungen z.B. Umstellbarkeit auf höhere Spannungen oder Auflagemöglichkeit für zusätzliche Systeme) im Interesse künftiger Kostenersparnis sinnvoll ist. Dieser Gesichtspunkt ist auch zur Erfüllung der dritten Forderung des Energiewirtschaftsgesetzes, das bekanntlich eine ausreichende, sichere und billige Versorgung ihres Gebietes den Versorgungsunternehmen zur Pflicht macht, besonders wichtig. Was die Kraftwerksseite anbetrifft, so kann hier oft ein gegenseitiger Austausch von Leistung im Verbundbetrieb für beide Partner vorteilhaft und kostensparend sein.

Die richtige Disposition ist zur Zeit besonders schwierig, da der Bau von Kraftwerken und Leitungen heute einen erheblich längeren Zeitaufwand erfordert als früher. Die langfristige Sicherung der Versorgungsgebietsgrenzen ist deshalb heute wichtiger denn je.

Der Warenproduzent kann Engpässe in der Produktion durch Lieferzeiten und Überschüsse dadurch ausgleichen, daß er Ware auf Lager nimmt oder sich neue Kunden sucht. Ein Lager gibt es für den Stromversorger nicht. Auch neue Kunden kann er sich nur in beschränktem Maße suchen. Er ist an sein Leitungsnetz gebunden. Neue Kunden kann er allenfalls dadurch gewinnen, daß er neue Unternehmen veranlaßt, sich in dem mit seinen Leitungen erschlossenen Gebiet anzusiedeln oder bestehende Kunden veranlaßt, bestimmte Verfahren vom Betrieb mit anderen Energieträgern auf Strom umzustellen. Innerhalb des eigenen Versorgungsraumes ist der Anschluß neuer Abnehmer meist mit nur geringfügigen Ergänzungen und Verstärkungen im Leitungsnetz, z.B. neue Verknüpfungspunkte zwischen den verschiedenen Spannungsebenen, zu bewerkstelligen. Außerhalb dieses Raumes würde die Übernahme der Belieferung neuer Abnehmer neue Leitungen erfordern und hohe Kosten verursachen, die nur zu verantworten wären, wenn ihre langfristige Amortisation gesichert wäre.

Muß man neue Leitungen bauen, ist es nicht mit relativ geringen Investitionen, wie z.B. der Anschaffung eines zusätzlichen Lastwagens, den der Warenproduzent kauft, um einen neuen Kunden bedienen zu können und den er kurzfristig abschreiben kann, getan. Die Anlagekosten der Leitungen betragen regelmäßig ein Vielfaches des Gesamtwertes der über sie in einem Jahr transportierten Strommengen. Gleiches gilt natürlich auch für die Kraftwerke und ihre Erstellung.

Auch die Personalkosten der Versorgungsunternehmen sind nicht erzeugungsproportional, sondern ausschließlich von Anlagegröße und -umfang des Netzes abhängig. Die Anlagen müssen genausogut bedient und unterhalten werden, ob sie nun teilweise oder voll ausgelastet sind. So sind mehr als drei Viertel der gesamten Kosten der Stromerzeugung und -verteilung feste Kosten und nur weniger als ein Viertel abgabeproportional. Von den Festkosten entfallen wiederum auch heute noch trotz der überdurchschnittlich angestiegenen Kosten für den Kraftwerksbau nahezu zwei Drittel auf Übertragung und Verteilung.

Langfristige Abschreibungsmöglichkeiten und gute Ausnutzung der Anlagen, also möglichst hoher Stromdurchsatz durch das Netz - natürlich unter Aufrechterhaltung der nötigen Reserven - sind demnach Voraussetzung für niedrige Strompreise. Beides ist nur möglich, wenn man sich langfristig gesichert auf die Belieferung eines bestimmten Raumes, eben des durch das Leitungsnetz erschlossenen Versorgungsgebietes, verlassen und, gestützt auf die gute Kenntnis seiner Struktur und Entwicklungstendenzen, alle dort gegebenen Absatzmöglichkeiten, beispielsweise auch im Wettbewerb mit anderen Energiearten, ausschöpfen kann.

Ein chaotisches Durcheinander von Leitungen verschiedener Versorger im gleichen Raum würde nicht nur zu unnötigen Doppelinvestitionen, sondern auch zu kaum überbrückbaren Schwierigkeiten bei der richtigen Bedarfsschätzung führen. Praktisch kann dann niemand mehr die Verantwortung für eine ausreichende Versorgung übernehmen. Die entsprechende Verpflichtung aus dem Energiewirtschaftsgesetz müßte aufgehoben werden. Jeder würde dann natürlich versuchen, so billig wie nur möglich, nämlich z.B. ohne Ringschlüsse und ohne ausreichende Betriebs- und Zuwachsreserve zu planen, weil er mangels Abgrenzung des Verantwortungsbereiches ja keine Möglichkeit hat, sich auf einen bestimmten Spitzenbedarf einzustellen.

Die bisherige Sicherheit der Belieferung, auf die die deutsche Elektrizitätsversorgung wohl mit Recht stolz ist, wäre dahin und ein sogenannter "echter Wettbewerb" auf dem Stromsektor selbst wäre mit schwindender Versorgungssicherheit doch wohl sicherlich zu teuer erkauft. Ich meine, die deutsche Wirtschaft kann mit ihrer Stromversorgung, die sich in ihrer Eigenart aus den physikalischen und technischen Besonderheiten der Stromversorgung entwickelt hat, wohl zufrieden sein.

Auch eine völlige Zentralisierung im Staatsbetrieb könnte nichts verbessern. Die Verhältnisse in unseren Nachbarländern, beispielsweise Frankreich, England, Italien, in denen eine staatliche zentrale Versorgung betrieben wird, beweisen das.

Die Übertragung der Versorgungsaufgabe auf selbständige Unternehmen mit festen Versorgungsbereichen und durch das Energiewirtschaftsgesetz vorgeschriebenen Aufgaben und Verfahrensregeln hat sich bewährt. Diese Regeln sind primär geschäftsbestimmend für die Geschäftspolitik der Unternehmen, schließen den bei anderen Unternehmen üblichen Gesichtspunkt der Gewinnmaximierung aus und lassen gewinnstrebiges Handeln nur insoweit zu, als ausreichender Gewinn die Voraussetzung dafür ist, die für die Erfüllung der gesetzlichen Aufgaben notwendigen finanziellen Mittel auf dem freien Markt, auf den sie im Gegensatz zu ihren verstaatlichten Konkurrenten, die über Dotationen weitgehend aus Steuermitteln finanziert werden, angewiesen ist, zu bekommen. Auch das muß man berücksichtigen, wenn man Energiepreise - und das gilt für Strom wie für Gas gleichermaßen - mit den ausländischen vergleicht. Der Vergleich wird nicht zu Ungunsten der deutschen Elektrizitätsversorgung ausfallen.

Es würde zu weit führen, hier nun noch darzustellen, wie sich der Komplex: unterschiedliche Bedarfszeiten für den Strom, universelle Verwendbarkeit, völlig unterschiedliche Bewertung seines Nutzens auf den verschiedenen Anwendungsgebieten sowie weitgehend gemeinschaftliche Benutzung der gleichen Einrichtungen vom Brennstoff der Kraftwerke bis zum Abzweig von der Hauptversorgungsleitung, auf die Methodik der Kostenanlastung im Strompreis auswirken muß, wenn die dritte Forderung des Energiewirtschaftsgesetzes, alle Abnehmer möglichst gleichermaßen preisgünstig zu versorgen, erfüllt werden soll. Auch das ist der deutschen Elektrizitätswirtschaft, die die Gemeinkosten bewußt oder unbewußt nach dem Gesichtspunkt der Gemeinkostentragfähigkeit so verteilt, daß jeder Verbraucher aus der Stromanwendung etwa den gleichen Nutzen zieht, weitgehend gelungen. Das daraus entstandene Strompreisgefüge mit auch nach Anwendung differenzierten Strompreisen ist also auch durch die physikalisch-technischen Besonderheiten der Elektrizität bedingt.

Auf diese Zusammenhänge aufmerksam zu machen, sollte im Sinn meiner heutigen Ausführungen sein.

Ich danke Ihnen.

EINFÜHRUNG IN GRUNDSÄTZLICHE FRAGEN DER LASTBEEINFLUSSUNG

von Prof. Dr.-Ing. H. Schaefer, München

Das Lastspitzenproblem

Bei allen leitungsgebundenen Energieträgern stellt sich schon wegen der Begrenzung der Übertragungsfähigkeit der Leitung und der Wirtschaftlichkeit der Investitionen das Problem der Spitzenbedarfsdeckung. Selbst bei nicht zwangsläufig leitungsgebundenen, wie Mineralöl und seinen Produkten und auch bei den festen Brennstoffen ergibt sich die Aufgabe, die relativ unflexible Gewinnung und Verarbeitung bzw. Umwandlung der Primärenergieträger anzupassen an die vorhersehbaren und die unerwarteten Bedarfsschwankungen an Endenergie beim Letztverbraucher.

Wege zur Bewältigung der Bedarfsdeckung in Spitzenzeiten sind grundsätzlich in allen Stufen der Versorgungskette gegeben. Der Erzeuger und Versorger kann dazu beitragen durch Dimensionierung seiner Anlagen und den Einsatz von Technologien, die auf die Spitzenlastdeckung zugeschnitten sind. Der Letztverbraucher hat mancherlei Möglichkeiten, durch geeignete Gestaltung seiner energietechnischen Installation und durch spitzenbewußtes Betreiben seiner Anlagen und Geräte zu einer Glättung des Leistungsgangs beizutragen. Preispolitische Maßnahmen sind dabei sehr geeignet und oft auch notwendig, diese verbraucherseitigen Bemühungen zu initiieren.

Anzustreben ist möglichst ein optimiertes Zusammenwirken von Versorger und Abnehmer, um die Spitzenprobleme zu bewältigen. Meist handelt es sich dabei allerdings um recht komplexe Zusammenhänge, die nur der richtig einschätzen kann, der sich intensiv mit sämtlichen technischen und wirtschaftlichen Aspekten im Detail befaßt hat. Hier wie bei vielen anderen Fragestellungen ist der erste Schritt zur Verbesserung das Erarbeiten von Fakten, die den derzeitigen Zustand ausreichend aufgegliedert quantifizieren und damit Kenntnisse an Stelle von Meinungen setzen. Dieser Weg ist mühsam und er birgt eine Reihe grundsätzlicher Schwierigkeiten, nicht allein bei der Datenerfassung und -verarbeitung. Schon der Ausgangsbegriff "Lastspitzen" erweist sich unter Berücksichtigung der vielfältigen versorgungstechnischen Gesichtspunkte bei weitem nicht so einfach, wie meist vermutet wird.

Allgemein wird unter Höchstlast der höchste auf die Zeiteinheit bezogene Mengendurchsatz bezeichnet, der bei Erzeugungs-, Transport- und Verteilungsanlagen oder bei Verbraucheranlagen innerhalb eines Zeitraumes auftritt. Im speziellen Fall bedarf es dann jeweils zusätzlicher, differenzierterer Festlegungen, um den Begriff "Höchstlast" eindeutig zu beschreiben. Mit Ausnahme der elektrischen Energie ist die Energieversorgung stets verknüpft mit dem Transportieren und Verteilen von Masseströmen. Dabei besteht bei den Brennstoffen praktisch eine direkte Proportionalität zwischen dem Massenstrom und der übertragenen Leistung. Beim Transport und der Verteilung fühlbarer Wärme mittels Warm- oder Heißwasser, Dampf, Heißöl, Warm- oder Heißluft kann bei konstantem Massenstrom die Übertragung der Leistung durch Variation der Zustandsgrößen, insbesondere der Temperaturen, in weiten Bereichen geändert werden. Bei allen Arten des massengebundenen Energietransports gibt es drei ihnen gemeinsame wichtige Tatbestände. Zum einen bestehen meist mehrere Möglichkeiten bei der Erzeugung, im Transport- oder Verteilungssystem oder aber auch beim Verbraucher, speichernde Anlagenkomponenten zu installieren; die meisten Anlagen haben ohnehin technisch zwangsläufig schon eine gewisse Speicherkapazität. Zum zweiten ergibt sich aus der Art und der Auslegung des Transportmittels eine maximale Lieferkapazität, die meist auch verfügbar bleibt, wenn der Bedarf über dieser Kapazität liegt. Nur der überschießende Bedarf kann dann nicht gedeckt werden. Bei elektrischer Energie hingegen führt eine Überlastung der Transport- und Verteilungsanlagen notwendigerweise zu einem Abschalten der gefährdeten Netzteile. Nicht nur der die Kapazität überschreitende, sondern auch ein mehr oder weniger großer Teil des innerhalb der Kapazitätsgrenze liegenden Leistungsbedarfs wird nun nicht mehr gedeckt. Zum dritten ergeben sich aus der Massengebundenheit sowohl in den versorgungstechnischen als auch den anwendungstechnischen Systemen bei transienten Vorgängen Laständerungsgeschwindigkeiten, die im Vergleich zur massenlosen Energieversorgung erheblich kleiner sind, und es werden hier die Amplituden von verbraucherseitigen Laständerungen erheblich gedämpft und mit Totzeiten beim Erzeuger wirksam. Entsprechend den i.a. relativ großen Zeitkonstanten der Systeme werden bei der massengebundenen Energieversorgung Leistungsbegriffe verwendet, bei denen meist die Stunde die kleinste Integrationszeit ist. Höchstlasten werden hier durch periodisierte Mengenmessung ermittelt, stellen also die höchste Stunden- oder auch Tagesmittelwerte dar.

Elektrische Leistungsbegriffe

Erheblich anders sind die Verhältnisse bei der elektrischen Energieversorgung. Der massenlose Energietransport zwingt jeweils zur augenblicklichen Anpassung der Erzeugungs- und Verbraucherleistung. Versorgungstechnisch sind deshalb auch Leistungsänderungen in kurzen Zeiträumen von Bedeutung. Dabei ergeben sich jedoch für die eindeutige Festlegung des oft gebrauchten Begriffes der Momentanleistung eine Reihe von Problemen, die anhand von Bild 1 hier nur kurz angedeutet werden können und deren detaillierte Behandlung an anderem Ort erfolgen wird.

- Die elektrische Momentanleistung p(t) ist das Produkt der Momentanwerte von Spannung u(t) und Strom i(t). Sie hat bei technischen Wechselströmen, abgesehen vom Einfluß der Oberwellen, einen sinusförmigen Verlauf, pulsiert jedoch mit der doppelten Netzfrequenz.

- Bei einer durch die beim Verbraucher und im Versorgungssystem vorhandenen Reaktanzen verursachten Phasenverschiebung zwischen Spannung und Strom (Bild 1a), verläuft die elektrische Leistung innerhalb einer Periode in gewissen Zeitintervallen sogar in umgekehrter Richtung vom Verbraucher zum Erzeuger (Bild 1b).

- Man kann die elektrische Momentanleistung durch den Realteil eines komplexen Leistungsvektors beschreiben. Durch Mittelwertbildung der Projektion dieses Vektors auf die reelle Achse über eine halbe Periode der Netzfrequenz ergibt sich die Wirkleistung (s. Bild 1b).

- Eine entsprechende Mittelwertbildung für die Projektion auf die imaginäre Achse ergibt die Blindleistung (Bild 1c).

- Projiziert man den Leistungsvektor auf die durch den jeweiligen Leistungsfaktor bestimmte Scheinleistungsachse und mittelt über eine halbe Periode, erhält man die Scheinleistung (B i l d 1 d).

- Blindleistung und Scheinleistung können physikalisch sinnvoll nur als Mittel- und nicht als Momentanwerte ausgewiesen werden. Anders ist es bei der Wirkleistung, die als Momentangröße identisch mit dem Verlauf der elektrischen Momentanleistung an den Wirkwiderständen der Systeme ist.

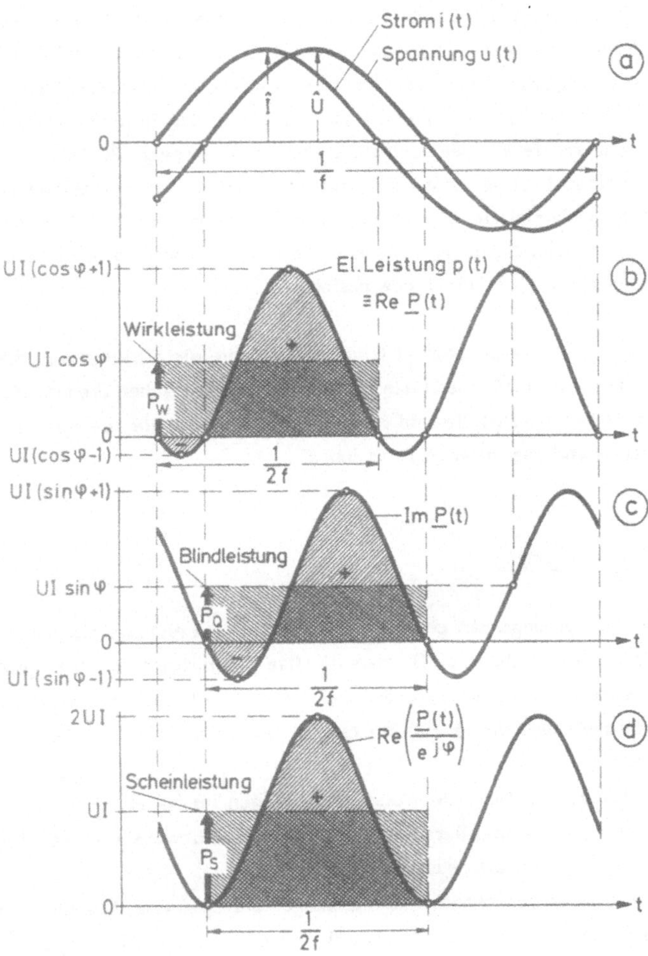

Bild 1. Elektrische Leistung: Schwingungsdiagramme

Trotz der Leistungspulsationen in jeder Phase sind in einem stationären, symmetrisch belasteten Dreiphasensystem die Summen der drei elektrischen Momentanleistungen sowie der drei Wirkleistungen zeitlich konstant und gleich. Vom Erzeuger muß eine diesem konstanten Wert ensprechende mechanische Leistung über die Generatorwelle aufgebracht werden. Bei unsymmetrischer Phasenbelastung werden die resultierenden Schwankungen des mechanischen Leistungsbedarfs durch die Trägheit der umlaufenden Massen ausgeglichen. Somit ist aus dem Blickwinkel der Lastdeckung durch den Erzeuger die Leistungspulsation innerhalb einer Periode unerheblich, so daß es hier sinnvoll ist auch bei der Wirkleistung von einer mindestens über eine halbe Periode gemittelten Leistung auszugehen.

Der in jeder Phase eines Systems auftretende Strom bestimmt bei konstanter Spannung die Scheinleistung. Daher kann die Scheinleistung als die begrenzende Größe für die thermische Belastbarkeit von elektrischen Anlagen und Geräten sowie der Übertragungsfähigkeit von Schaltanlagen aufgefaßt werden. Bei fast allen Maßnahmen der Maximumüberwachung oder der Spitzensenkung wird jedoch nicht die Scheinleistung, sondern die Wirkleistung als Steuer- bzw. Regelgröße herangezogen. Zum einen gibt es keine verbindliche Festlegung darüber, ob die Scheinleistung eines Dreiphasensystems die arithmetische oder die geometrische Summe der Scheinleistungen der drei Phasen ist. Zum anderen ist die Messung der Scheinleistung für Dreiphasensysteme sehr aufwendig, gleich auf welcher der beiden möglichen Festlegungen die Meßmethode basiert.

Für die Bemessung der Kraftwerkskapazität ist in erster Linie die Wirkleistung, die "Last", von der im weiteren gesprochen wird, maßgebend, sie bestimmt im wesentlichen die erforderliche Auslegung aller nichtelektrischen Kraftwerksteile und ist außerdem ein Maß für die mit der Stromerzeugung verbundenen stofflichen und thermischen Emissionen.

Kategorien von Lastschwankungen

Führt man in einem Versorgungsnetz genügend trägheitsarme Leistungsmessungen bei geeignetem Leistungs- und Zeitmaßstab durch, so stellt man ständige Oszillationen in einer gewissen Bandbreite um den effektiven Mittelwert der auftretenden Last fest. Die Periodendauern dieses Lastrauschens reichen dabei von Sekundenbruchteilen bis zu einigen Sekunden. Als Ursachen dieser Erscheinung kommen in Betracht:

- stochastische Abfolge von Ein- und Ausschaltvorgängen im Netz,
- besondere Verbraucher mit oszillierendem Leistungsbedarf bzw. sehr kurzen Einschaltzeiten und
- Schwingungen im Frequenzhaltungssystem des Versorgers.

Das Lastrauschen führt zu entsprechenden Schwankungen der Spannung (Spannungsflimmern) und der Frequenz. Beides kann sich störend auswirken. Die Arbeitscharakteristik hängt nämlich bei allen elektrischen Geräten und Anlagen von der Spannung und bei mit elektrischen oder magnetischen Wechselfeldern arbeitenden auch von der Frequenz ab.

Die schnellen Schwankungen der elektrischen Wirkleistung werden durch die Trägheit der rotierenden Massen der Erzeuger gepuffert, so daß sie für den Bedarf an mechanischer Leistung nicht mehr wirksam werden. Die langsameren Schwingungsanteile des Lastrauschens können dadurch jedoch nicht ausgeglichen werden; hier muß über die Primärregelung die Erzeugung mechanischer Leistung in der Turbine nachgeführt werden. Das Lastrauschen und die dabei auftretenden Spitzen sind insgesamt gesehen weniger ein Problem der Spitzenbedarfsdeckung als vielmehr eine regelungstechnische Aufgabe.

Dem Lastrauschen überlagert ist die nächste Kategorie der Lastschwankungen, deren Zeitdauern im Minutenbereich liegen. Verursacht werden diese Lastschwankungen einmal durch den Lastwechsel oder Einschaltvorgänge einzelner großer Verbraucher. Zum anderen liegt die Ursache oft in gleichartigen Schaltvorgängen bei einer Vielzahl kleinerer Verbraucher innerhalb kurzer Zeit. Das gilt z.B. für den Lastanstieg im Zusammenhang mit dem Ende beliebter Fernsehsendungen, bei denen quasi eine Synchronisierung des Verbraucherverhaltens eintritt.

Der bei diesen Vorgängen auftretende Anstieg bzw. Abfall der Netzlast ist nur zum Teil vorhersehbar. Die Deckung aus den Erzeugeranlagen wird bestimmt durch das Zusammenspiel der Primärregelung und der Sekundärregelung. Wichtig ist dabei die Größe der auftretenden Lastgradienten. Sie bestimmt mit, inwieweit die rotierende Reserve in der erforderlichen Zeit an der Lastdeckung beteiligt werden kann, wobei die maximal möglichen Laständerungsgeschwindigkeiten der jeweiligen Erzeugungsanlagen den begrenzenden Faktor darstellen.

Mittelt man die Last über jeweils eine Meßperiode von einer Viertelstunde, erhält man einen Überblick über den Tageslastgang. Seine Schwankungen werden verursacht durch tageszeittypisches, gleichartiges Verbraucherverhalten und vor allem geprägt durch den Umstand, daß sich die menschlichen Aktivitäten naturgemäß am Tage wesentlich stärker ausprägen als bei der Nacht.

Durch die Überlagerung einer Vielzahl von Lastgängen einzelner Abnehmer aus den verschiedensten Bereichen verwischen sich zwar die einzelnen Lastcharakteristiken bis zu einem gewissen Grad. Jedoch stellt sich ein durchaus typischer Lastverlauf über den Tag hinweg ein, mit einer Leistungsspitze, die normalerweise am frühen Vormittag auftritt, wozu sich vor allem an Winterabenden noch ein zweites Maximum gesellt. Dabei sind die Werktage Montag bis Freitag grundsätzlich gleichartig, während die Wochenenden, wie auch die Feiertage, bei wesentlich kleineren Absolutwerten im Leistungsgang wesentlich stärker als die Werktage von privatem Bedarf geprägt werden. Dieser private Bedarf hat seinerseits an diesen Tagen auch einen signifikant anderen Tagesgang als an Werktagen.

Verfolgt man den Gang von Netzlasten über ein Jahr, so weisen sowohl das Leistungsniveau als auch die Form der Tageslastgänge über die Jahreszeit hinweg typische saisonale Unterschiede auf. Nach wie vor tritt das Maximum der Leistung normalerweise im Winter auf, was hauptsächlich auf den höheren Beleuchtungsstromverbrauch und den temperaturabhängigen Anteil des Strombedarfs (unter Ausschluß des Verbrauchs der elektrischen Speicherheizsysteme) zurückzuführen ist. An den Höchstlasten im Jahr muß sich die Engpaßleistung orientieren, wobei eine gewisse Sicherheitsmarge als Regel-, Witterungs- und Ausfallreserve unerläßlich ist.

Die verfügbare Leistung aller Kraftwerke ist stets geringer als die Summe ihrer Engpaßleistungen. Die Differenz besteht u.a. in der Leistung derjenigen Kraftwerke, die sich gerade in einer geplanten Revision befinden und denjenigen Leistungen, die durch nichtgeplanten Ausfall außer Betrieb sind. Die Revisionszeiten werden vom EVU für die einzelnen Erzeugerblöcke über das Jahr hinweg so disponiert, daß die verfügbare Erzeugerleistung dem Jahreslastgang angepaßt ist, was sich in einem etwa gleichbleibenden Reservefaktor über das ganze Jahr hinweg äußert.

Die Folge ist, daß sämtliche Arten der Lastspitzenbegrenzung in ihrer Bedeutung praktisch das ganze Jahr über aktuell sind. Es kommt also an jedem Wochentag darauf an, die Spitzen des Tageslastgangs relativ klein zu halten.

Grundbegriffe zur Lastbeeinflussung

Aufgrund des natürlichen Lebensrhythmus' ist das Anstreben eines über 24 Stunden ausgeglichenen Lastganges in einem Versorgungsgebiet illusorisch. Abgesehen von einigen Anwendungsarten, für die sich die Verlagerung auf Nachtzeiten anbietet, bleibt die Hauptaufgabe einer Lastbeeinflussung die Glättung des Leistungsganges über die eigentliche Tageszeit.

Schon die Planung, aber auch der Betrieb jeglicher Einrichtung zur Lastspitzenbegrenzung, Maximumüberwachung oder Höchstlastoptimierung setzt die Kenntnis über die Struktur des Lastganges und die ihn prägenden Parameter voraus.

In Bild 2 ist als Beispiel die elektrische Netzlast in West-Berlin am 12.1.1977, dem Tag der Jahreshöchstlast, dargestellt. Wie das Bild zeigt, würde das Einhalten der Mittellast zwischen 8 und 18 Uhr von 1390 MW als konstante Last über diesen Zeitraum den Leistungsbedarf um 48 MW bzw. 3,4 % des Spitzenwertes senken. Damit die notwendigen Lastabsenkungen erzielt werden können, müssen zu den jeweiligen Zeitpunkten in ausreichendem Maße abschaltbare Geräte in Betrieb sein. Die installierte Gesamtleistung aller derartigen Geräte muß naturgemäß wesentlich höher sein als die notwendige Lastminderung, die angestrebt wird, um eine bestimmte Leistungsgrenze zu halten.

Bei der Festlegung dieser Leistungsgrenze muß beachtet werden, daß damit die Dauer der täglichen Eingriffe in direktem Zusammenhang steht. Wie Bild 3 a, aufbauend auf den Daten von Bild 2, zeigt, wird die Gesamtdauer der Eingriffe auch bei relativ geringer Lastabsenkung beträchtlich, insbesondere wenn man den Einfluß der nachzuholenden Arbeit, die durch den Eingriff nicht zum Verbrauch zugelassen wurde, mit berücksichtigt. Für das in Bild 2 gewählte Beispiel einer maximalen Absenkung um 48 MW sind über 9 Stunden hinweg Eingriffe nötig.

Sollen die Höchstwerte der Netzlast oder der Erzeugerleistung begrenzt werden, muß die zeitgleiche Abnehmerlast beeinflußt werden, die keineswegs immer identisch ist mit der Höchstlast der einzelnen Abnehmer. Grundsätzlich müßte hier also über fernwirkende Einrichtungen, die die Netzlast oder die Erzeugerleistung erfassen, gesteuert werden.

Mit der heute meist angewendeten Steuerung der Eingriffe über den Lastgang des einzelnen Abnehmers kann man eine 100 %-ige Spitzenwirksamkeit nicht erzielen. Für einen bestimmten Betrag spitzenwirksamer Leistungsminderung müssen häufigere Eingriffe um einen in der Summe größeren Lastbetrag bei den einzelnen Abnehmern in Kauf genommen werden.

Zu den versorgungsseitigen Gesichtspunkten kommen weitere abnehmerseitige hinzu. Ob, wie lange und wie häufig Abschaltungen bzw. Sperrungen von Geräten und Anlagen möglich sind, muß vor Festlegung einer bestimmten erwünschten Leistungsgrenze durch detaillierte, auch meßtechnische Analysen erarbeitet werden. Grundlage derartiger Analysen sind Erhebungen und Betrachtungen darüber, welche Geräte und Anlagen von ihrer technischen Konzeption und den betrieblichen Aspekten her überhaupt für eine Beeinflussung infrage kommen.

Es können nur Geräte beeinflußt werden, deren Einsatz im jeweiligen Augenblick nicht unabdingbar ist. Zudem muß ohne Schaden für Anlagen, Geräte und Betreiber sowie ohne nennenswerte Beeinträchtigung des gewünschten Zieles (Produktion, Dienstleistung, Komfort) eine längere Betriebsunterbrechnung in der Größenordnung von einer oder mehreren Meßperioden möglich sein.

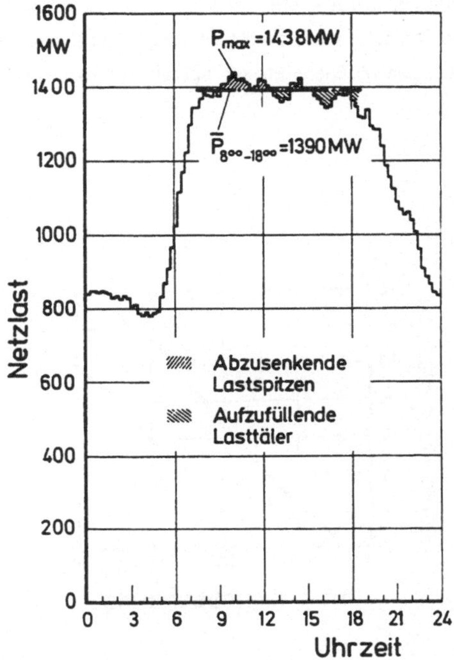

Bild 2. Elektrische Netzlast in Westberlin am Mittwoch, den 12.1.1977 (Tag der Jahreshöchstlast)

Wenn bei Geräten und Anlagen grundsätzlich ein Verschieben ihres Einsatzes möglich ist, muß noch geprüft werden, zu welchen Zeitpunkten innerhalb eines Prozeßablaufs Abschaltungen bzw. Eingriffe erfolgen können. Auch die maximale Häufigkeit derartiger Eingriffe innerhalb eines Zeitraumes und die höchste vertretbare Zeitdauer, über die der Einsatz der Anlage oder des Gerätes verschoben werden kann, ist von Bedeutung. Die notwendige Dauer derartiger Verschiebungen des Betreibens von Geräten kann selbst bei relativ geringen Lastminderungen beträchtliche Werte annehmen. Für den schon in Bild 2 geschilderten Fall wird dies in Bild 3b aufgezeigt. Eine Lastabsenkung um 48 MW würde bei einigen Verbrauchern zu einer Verschiebung ihres Betriebes von rund 6 Stunden führen. Dies hätte, wenn man z.B. an Waschmaschinen denkt, abgesehen von den hauswirtschaftlichen Problemen, eine u.U. beträchtliche Erhöhung des Stromverbrauchs zur Folge.

Jedes Abschalten einer Anlage oder Maschine innerhalb eines Arbeitsganges erhöht den spezifischen Energieverbrauch; denn die Speicherenergie in Form kinetischer Energie bei Maschinen oder in Form von Wärme der Anlageteile und Güter bei wärmetechnischen Anlagen geht ganz oder teilweise verloren. In manchen Fällen, insbesondere bei Vorgängen mit zeitgesteuerten Operationsschritten, erhöht sich der Energieverbrauch zusätzlich, da ohne Rücksicht auf die bei der Abschaltung erreichte Prozeßstufe der gesamte Ablauf von Beginn an neu durchfahren werden muß.

Diese Erhöhung des Energieaufwandes, wie aber auch die gesamten, z.T. sehr erheblichen apparativen Aufwendungen für die verbraucherseitige Beeinflussung der Spitzenlasten in Versorgungssystemen müssen jeweils den Vorteilen der Lastminderung gegenübergestellt werden. Immer wieder wird zu prüfen sein, wie sich die versorgungstechnischen Maßnahmen zur Spitzendeckung und die verbraucherseitigen Maßnahmen zur Spitzenabsenkung optimal kombinieren lassen.

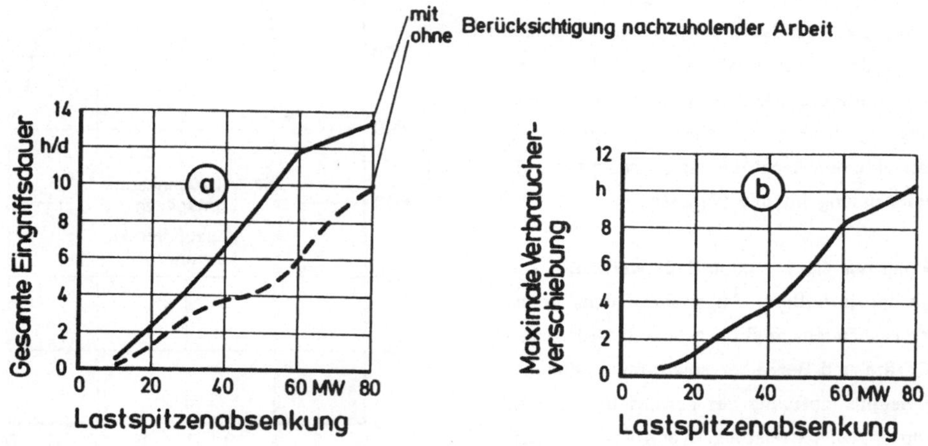

Bild 3. Auswirkungen einer Lastspitzenabsenkung in Westberlin am 12.1.1977

DIE PROBLEMATIK DER BEDARFSSPITZEN IN DER ELEKTRIZITÄTSWIRTSCHAFT

von Dipl.-Ing. Heinz Loew, München

1. Einführung

In einer geordneten und funktionstüchtigen Elektrizitätswirtschaft kann jeder Kunde im Rahmen der vereinbarten Bereitstellung jederzeit Leistung entsprechend seinen Wünschen und Bedürfnissen aus dem Netz entnehmen. Da einerseits elektrische Energie als solche für Zwecke der Elektrizitätsversorgung praktisch nicht speicherbar ist, da andererseits die beiden Größen, mit denen ein elektrisches Netz auf Leistungsentnahme reagiert, nämlich die Frequenz und die elektrische Spannung, in einer geordneten Elektrizitätsversorgung nur in gewissen engen Grenzen vom Nennwert abweichen dürfen, bedeutet dies, daß die Stromerzeugung und -übertragung zu jeder Zeit mit ganz geringen Toleranzen dem Bedarf angepaßt werden muß. Diese Forderung ist ein Spezifikum, das die Stromversorgung von der übrigen Energieversorgung unterscheidet. Die Erfüllung dieser Forderung verursacht um so mehr Aufwand, je ungleichmäßiger der jeweilige Bedarfsverlauf ist. Es liegt daher im betriebswirtschaftlichen wie im volkswirtschaftlichen Interesse, den Bedarfsverlauf möglichst zu vergleichmäßigen. In dieser Hinsicht zeichnet sich in den vergangenen Jahrzehnten eine günstige Entwicklung ab.

2. Bedarfsverlauf

Der Bedarfsverlauf wird bestimmt vom Summenverhalten aller Kunden, die von der betrachteten Stelle im Netz aus versorgt werden. Er hängt davon ab, welche Verbrauchergruppen mit welchem Anteil vertreten sind. Bei den einzelnen Verbrauchergruppen ist zwar das Verhalten der einzelnen Kunden unbestimmt und nicht vorhersehbar, aber ihr Summenverhalten folgt einer gewissen Wahrscheinlichkeit, so daß sich für diese Verbrauchergruppen charakteristische Kurven des Bedarfsverlaufes ergeben. Sie hängen von verschiedenen Parametern ab; bei der Gruppe der Haushaltkunden zum Beispiel vom Elektrifizierungsgrad, vom Lebensstandard und von der Anwendung auch anderer Energiearten, bei der Industrie natürlich von den spezifischen Gegebenheiten der Branche (z.B. bei Papierfabriken und der chemischen Industrie durchgängiger Betrieb über 24 Stunden; bei Maschinenbaubetrieben vorwiegend ein- oder zweischichtiger Betrieb), aber auch vom Rationalisierungsgrad und von der Auftragslage.

Typische Werktags-Belastungsdiagramme von Umspannwerken fast ausschließlich mit vollelektrifizierten Haushaltkunden ohne und mit hohem Anteil an elektrischer

Nachtspeicherheizung und von solchen mit ausschließlich Industriekunden zeigt Bild 1, Kurven a), b) und c). Die Überlagerung der drei typischen Kurven, etwa in einer vorgelagerten Schaltstation, ergibt Kurve d), die sich deutlich von jeder der drei anderen unterscheidet. Da sich die resultierenden Belastungsverläufe aus den Anteilen der überlagerten Gruppen ergeben, ist es selbstverständlich, daß sie an verschiedenen Stellen des Netzes sehr unterschiedlich sein können. Je größer das betrachtete Netzgebiet ist, mit um so größerer Wahrscheinlichkeit ergeben sich EVU-typische Kurvenverläufe, da alle Gruppen vertreten sind.

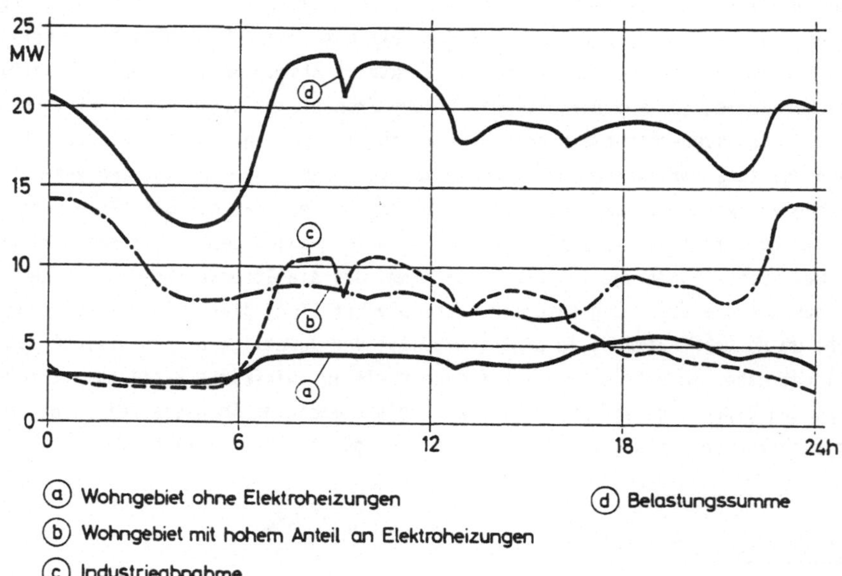

Bild 1. Tagesbelastungsdiagramme ausgewählter Verbrauchergruppen (7.12.1978, Temperatur -13°C)

Werktags-Belastungsdiagramme sind sich - bei im übrigen gleichen Verhältnissen (siehe nachstehend) - wegen ihrer gleichartigen Durchmischung aller Verbrauchergruppen im Grundsatz sehr ähnlich; Unterschiede sind nur graduell vorhanden. Demgegenüber weichen Samstags- und Sonntags-Belastungsdiagramme und diese untereinander deutlich ab, da sich sowohl die Anteile der Gruppen verschieben als auch die Gruppen selbst anders verhalten. Bild 2 zeigt Winter-Tagesbelastungsdiagramme der Isar-Amperwerke, einem regionalen EVU mit 1100 MW Belastungsspitze. Solche Diagramme sind typisch für ein EVU mit guter Durchmischung von städtischer und ländlicher Haushalt- und Industrieversorgung. Anders strukturierte Versorgungsgebiete können sich im einzelnen unterscheiden; so haben reine Stadtwerke häufig eine niedrigere Nachtlast, insbesondere wenn auch andere Endenergiearten verbraucht wer-

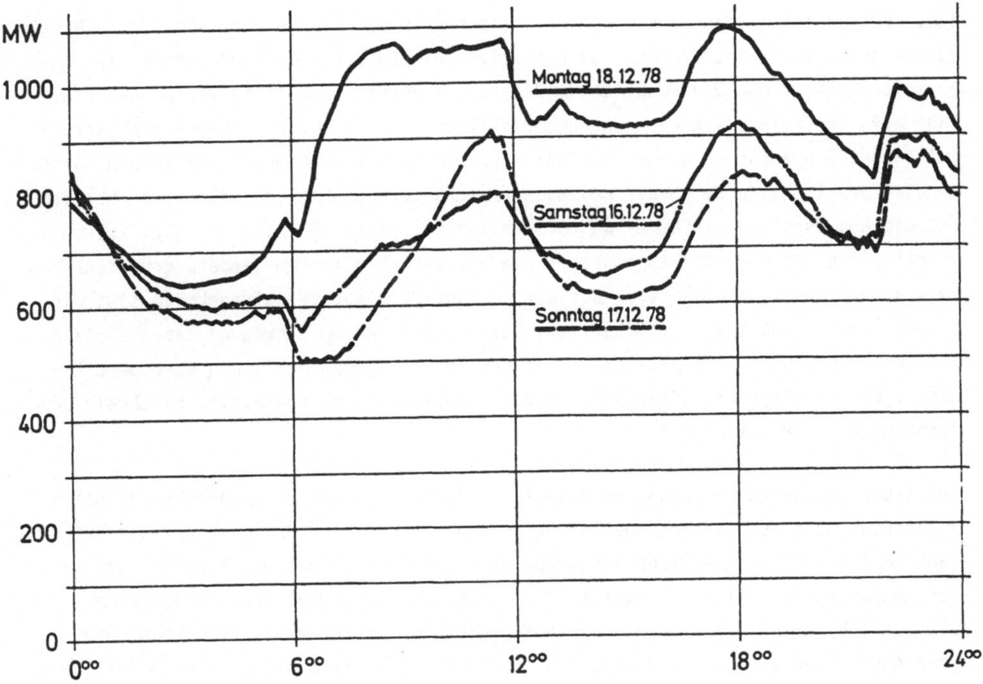

Bild 2. Winter-Tagesbelastungsdiagramme

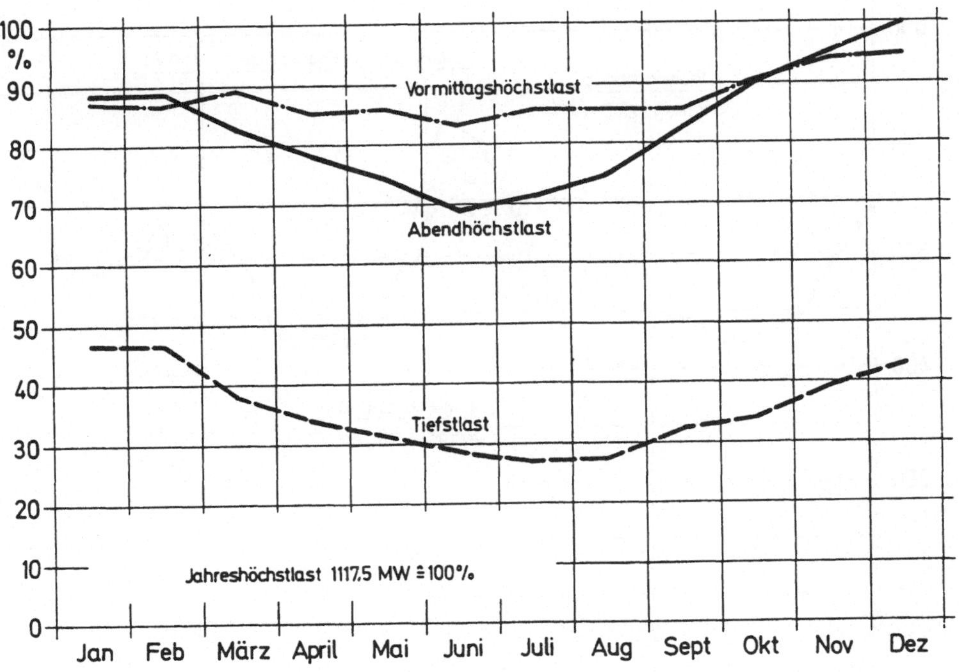

Bild 3. Monatliche Höchst- und Tiefstlast 1978

den, EVU mit sehr hohen Elektrospeicherheizungs-Anteil können durchaus höhere Nachtlasten aufweisen. Einen wesentlichen Einfluß auf den Kurvenverlauf nehmen die Jahreszeiten. Trägt man die monatlichen Belastungs-Höchst- und Tiefstwerte über ein Jahr auf, so ergibt sich eine Charakteristik nach Bild 3. Neben den jahreszeitlichen Schwankungen der Höchstlast wird die geringere Mindestlast in den Sommermonaten deutlich, in denen der Heizbedarf stark zurückgeht. Es zeigt sich außerdem, daß die Abendspitzen im Sommer wesentlich kleiner sind. Bild 3 gibt zwar die Verhältnisse bei den Isar-Amperwerken wieder, ist aber in der Tendenz grundsätzlich gültig. Weitere Einflußfaktoren auf den Verlauf der Tagesbelastungskurve sind die klimatischen Verhältnisse (Temperatur, Luftfeuchte und Luftbewegung haben Einfluß auf den Wärmebedarf, die Helligkeit auf den Beleuchtungsbedarf) und besondere Ereignisse, wie allgemein interessierende Fernsehsendungen, Erntezeit, Kirchweih und Weihnachten (Bild 4).

Auf Grund der durch Erfahrung im jeweiligen Versorgungsgebiet gewonnenen Kenntnis aller Einflüsse auf die Tagesbelastungskurve läßt sich ihr Verlauf kurzfristig (wenige Tage vorher) im wesentlichen prognostizieren, so daß der Kraftwerkseinsatz zur Abdeckung der Belastung im voraus grob festgelegt werden kann. Entsprechend dem tatsächlichen Verlauf sind dann entsprechende Korrekturen vorzunehmen. Dies kann durch eine automatische Regelung oder durch Eingriffe des Lastverteilers erfolgen.

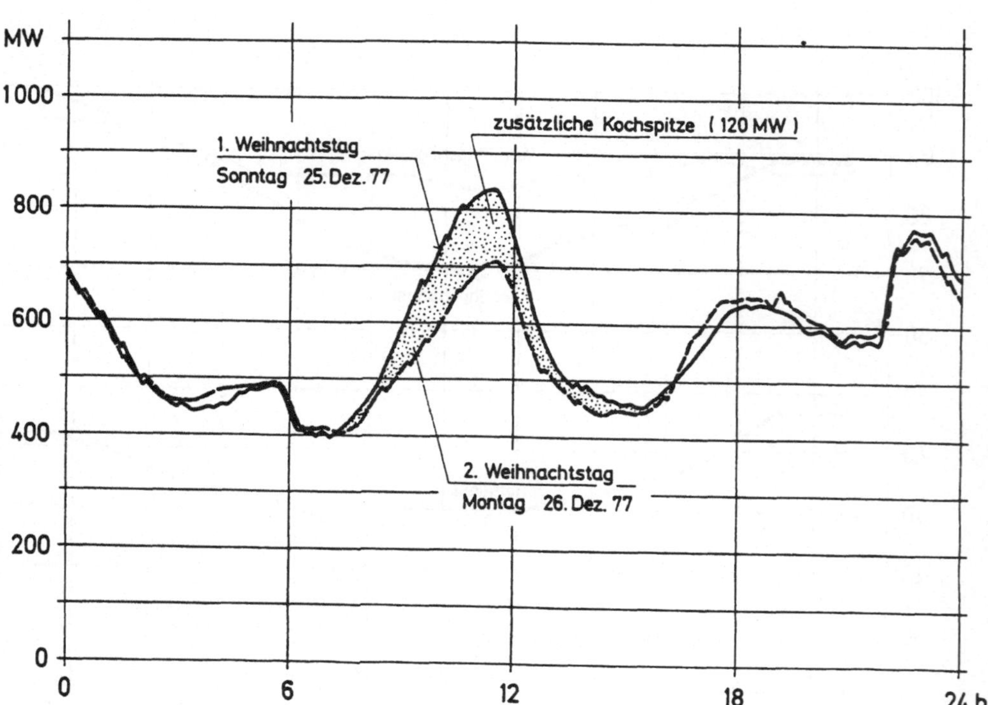

Bild 4. Sondereinfluß auf Tagesbelastungsdiagramm

3. Erfordernis einer Anpassung von Erzeugung und Obertragung an den Bedarf

Es soll dargestellt werden, warum und in welchem Maße bei der Stromversorgung eine Anpassung von Erzeugung und Obertragung an den Bedarf "zu jeder Zeit" nötig ist und wie sie bewerkstelligt wird.

3.1 Stromerzeugung

Die Ausführungen dieser Ziffer 3.1 beziehen sich auf die Wirkleistung, also auf den Zusammenhang zwischen der mechanischen Antriebsleistung der Stromerzeuger, ihrer Drehzahl bzw. der Netzfrequenz und der von den Kunden geforderten mechanischen, thermischen oder durch chemische Verfahren bedingten Leistung. Sie gelten außerdem für ein Netz insgesamt betrachtet, unabhängig von Aufteilungen auf verschiedene Unternehmen.

B i l d 5 zeigt in der Darstellung: "Frequenz als Funktion der Leistung" die Netzkennlinie und die Verbraucherkennlinie.

Die Netzkennlinie gibt den Zusammenhang zwischen erzeugter Leistung und Frequenz wieder, und zwar nach Maßgabe des Gesamtverhaltens der Turbinenregler (= Primärregelung) aller in das Netz einspeisenden Maschinen im ausgeregelten Zustand

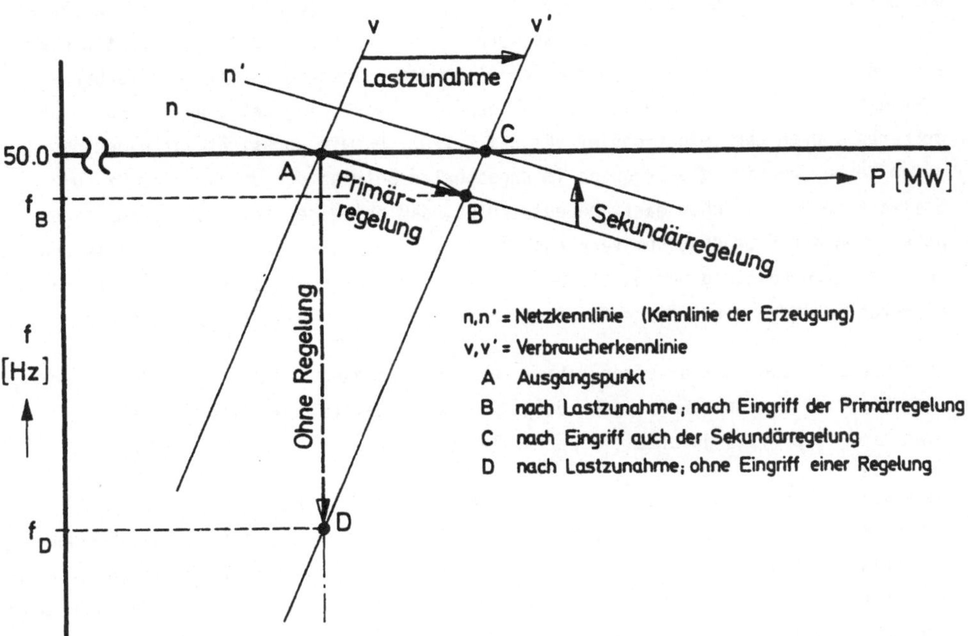

Bild 5. Zusammenhang zwischen Leistung und Frequenz in einem Stromversorgungsnetz

(d.h. nach Beendigung von Übergangsfunktionen) und ohne Eingriff in die Regelung von außen (von Hand oder durch die sog.Sekundärregelung). Die Neigung (Statik) der Netzkennlinie (= Abweichung von der Waagerechten) ist nötig, um eine angemessene Beteiligung aller einspeisenden Maschinen an Laständerungen zu bewirken.

Die Verbraucherkennlinie gibt den Zusammenhang zwischen Verbraucherleistung und Frequenz wieder. Die Neigung (Selbstregeleffekt) der Verbraucherkennlinie (= Abweichung von der Senkrechten) kommt zustande, weil das Netz auch Verbraucher enthält, deren Leistungsentnahme mit der Frequenz abnimmt, wie zum Beispiel ungeregelte motorische Antriebe. Diese Elastizität geht allerdings durch die fortschreitende Einführung drehzahlgeregelter Antriebe zurück. Die Verbraucherkennlinie einer rein Ohm'schen bzw. frequenz-unabhängigen Last wäre eine Senkrechte.

Wird der Gleichgewichtszustand zwischen Erzeugung und Verbrauch, der bei 50 Hz in Punkt A gegeben sei, durch eine Lastzunahme gestört (verschieben von v nach v'), so entsteht nach Wirksamwerden der Primärregelung binnen einiger Sekunden der Schnittpunkt B bei der Frequenz f_B. Um die Frequenz wieder zu erhöhen ist es nötig, die Netzkennlinie von n nach n' anzuheben. Dieser Vorgang, der durch Zuschaltung weiterer Kraftwerksleistung oder durch Erhöhung des Sollwertes an einzelnen laufenden, nicht voll belasteten Maschinen bewirkt werden kann, heißt Sekundärregelung. Durch den Eingriff der Sekundärregelung, der binnen mehrerer Minuten erfolgt, laufen die Primärregler der davon nicht betroffenen Maschinen in ihre Ausgangslage zurück und sind somit für neue Laständerungen reaktionsfähig. Würde keine Regelung eingreifen, das heißt würde der durch die Netzkennlinie gegebene Zusammenhang aufgehoben und die Erzeugung unverändert bleiben, so würde sich eine Frequenz f_D bei Punkt D einstellen. Die Frequenzänderung würde lediglich vom Selbstregeleffekt der Verbraucherkennlinie abhängen. Wie aus dem RWE berichtet wird, lag bei einem Versuch vor mehreren Jahren der Selbstregeleffekt bei 2 %/Hz. Da mit Rücksicht auf einen geordneten Verbundbetrieb die Frequenz im ungestörten Betrieb nur um ca. 1/10 Hz vom Sollwert 50 Hz abweichen darf, bedeutet dies, daß bei einer zeitlich nachhaltigen Abweichung der Erzeugung vom Verbrauch schon von weit unter 1 % eine Nachregelung der erzeugten Leistung nötig ist. Bei sehr kurzen Bedarfsschwankungen im Bereich mehrerer Sekunden wirkt die rotierende Masse aller Maschinen frequenzstützend.

In dem beschriebenen sehr engen Rahmen muß die Erzeugung dem Bedarf angepaßt werden. Dazu ist ein Kraftwerkspark nötig, mit dem sich die jeweiligen Belastungsdiagramme (s.Ziff.2) jederzeit abdecken lassen.

Dies ist zunächst eine t e c h n i s c h e A u f g a b e n s t e l l u n g :
Der Kraftwerkspark muß nicht nur über ausreichend geeignete Leistung zur Abdeckung der Belastungsspitzen verfügen, sondern er muß auch auftretende Lastgradienten beherrschen und genügend Flexibilität besitzen, um Schwankungen und Abweichungen vom prognostizierten Bedarfsverlauf zu folgen. Dazu sind in jedem Falle auch rasch regelbare Erzeugungsanlagen erforderlich. Der Kraftwerkspark muß außerdem so bestückt werden, daß Kraftwerksausfälle ohne Einfluß auf die Versorgung der Kunden bleiben.

Dies erfordert ausreichende und genügend rasche Reserve in allen unter Primärregelung laufenden Maschinen des gesamten Netzverbandes (Sekundenreserve), im betroffenen Netzteil zu deren Ablösung ausreichende rasch einsetzbare stehende oder/und rotierende Reserve (Minutenreserve) und zu deren Ablösung wiederum genügend stehende kalte Reserve (Stundenreserve).

Die Abdeckung der Belastungsdiagramme ist aber auch eine wirtschaftliche Aufgabenstellung: Die Gesamterzeugungskosten sollen möglichst niedrig sein. Dies ist angesichts des gegebenen Belastungsverlaufes nur möglich, wenn verschiedene Kraftwerksarten vorgehalten und eingesetzt werden. Im Bild 6 ist ein Tagesbelastungsdiagramm dargestellt mit Beispielen der prinzipiellen Deckungsmöglichkeit durch verschiedene Kraftwerksarten (Feinheiten, die sich aus der im vorigen Absatz angesprochenen technischen Aufgabenstellung ergeben, können hier nicht zur Gänze wiedergegeben werden). Eine Kostenminimierung ergibt sich dann, wenn die einzelnen Kraftwerksarten in den Benutzungsstundenbereichen eingesetzt werden, in denen ihre spezifischen Gesamterzeugungskosten jeweils am niedrigsten liegen. Der Grundlastbereich (a) ist gekennzeichnet durch einen möglichst durchgängigen Leistungsbedarf (hohe Benutzungsstundenzahl mit 6 - 7000 h/a). Hier sind Kraftwerke mit möglichst geringen beweglichen Kosten am

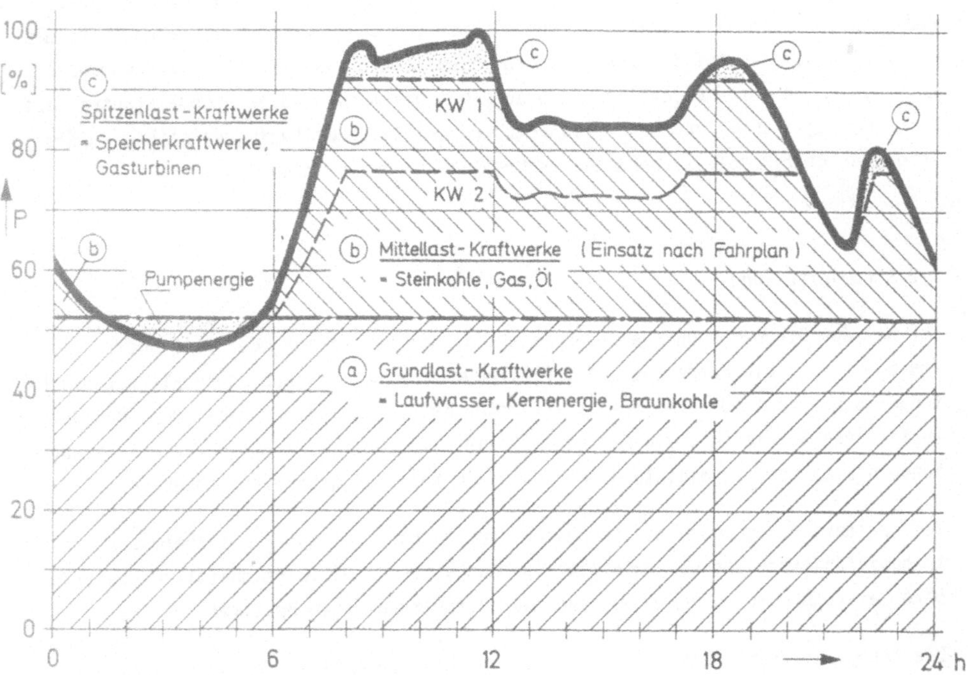

Bild 6. Tagesbelastungsdiagramm und Kraftwerkseinsatz

günstigsten, wie Laufwasser-, Braunkohlen- und Kernkraftwerke. Sie sind diejenigen Kraftwerke mit den niedrigsten spezifischen Gesamterzeugungskosten, wenn sie mit hoher Benutzungsstundenzahl eingesetzt sind. Im Mittellastbereich (b), dessen Benutzungsdauer bei 3 - 4000 h/a liegt, haben im allgemeinen Kraftwerke auf Steinkohle-, Öl- und Erdgasbasis die niedrigsten spezifischen Gesamterzeugungskosten und außerdem die für Einsatz nach Fahrplan nötigen und ausreichenden technischen Eigenschaften. Im Spitzenlastbereich (c) sind die Kraftwerke mit niedriger Benutzungsdauer eingesetzt; ihre erzeugte Arbeit ist relativ gering, sie stellen vorwiegend Leistung zur Verfügung. Die niedrigsten spezifischen Gesamterzeugungskosten für einen solchen Einsatz ergeben sich bei Gasturbinen, Pumpspeicherwerken (sowohl mit Wasser- als auch mit Luftspeicherung - für Gasturbinen -) und hydraulischen Speicherwerken. Allerdings dominieren in diesem Bereich die technischen Forderungen nach Regel- und Schnellstarteigenschaften. Diese Maschinen werden auch eingesetzt, um hohe Lastgradienten und außerhalb des Bereiches der Höchstlast auftretende Bedarfsspitzen abzudecken, wenn sie von den Grund- und Mittellastmaschinen technisch oder wirtschaftlich nicht beherrscht werden.

Die künftige Ausbauplanung hat selbstverständlich die Entwicklung des Strombedarfs und der Kosten seiner Deckung abzuschätzen und zu berücksichtigen. Wesentlich muß dabei mit eingehen, wie sich die Belastungskurven entwickeln. Je gleichmäßiger der Bedarfsverlauf, das heißt je geringer der Unterschied zwischen Mindest- und Spitzenbedarf, um so mehr kostengünstige Grundlasterzeugung kann eingesetzt werden. Außerdem wird ganz allgemein je vorgehaltener Leistung mehr Arbeit erzeugt. Beides wirkt sich günstig auf die spezifischen Gesamtkosten aus. Die künftige Ausbauplanung muß ebenso berücksichtigen, daß auch bei einem sehr hohen Grundlastanteil ausreichend regelfähige und sofort einsetzbare Leistung zur Verfügung steht, um die in dieser Ziffer 3.1 behandelten Probleme zu beherrschen.

3.2 Stromverteilung

Ist bei der Stromerzeugung eine Anpassung an den Bedarf zu jeder Zeit nötig, so reduziert sich die Forderung bei der Stromverteilung auf: Auslegung aller Einrichtungen mindestens für den jeweils auftretenden Spitzenbedarf. Dabei muß auch der Ausfall von Betriebsmitteln mit einkalkuliert werden. Nicht nur der Wirkleistungs-, sondern auch der Blindleistungsbedarf ist im Verteilungsbereich maßgebend.

Zwei Kriterien begrenzen die technisch übertragbare Leistung: die thermische Übertragungsfähigkeit und der zulässige Spannungsabfall. Die wirtschaftlich übertragbare Leistung wird außerdem noch von Verlustbetrachtungen bestimmt.

Die thermisch übertragbare Spitzenleistung hängt wesentlich ab vom Bedarfsverlauf und der thermischen Zeitkonstanten der betrachteten Einrichtung. Diese bestimmen, inwieweit ein Betriebsmittel für die momentane Spitzenleistung oder einen gewissen zeitlichen Mittelwert auszulegen ist. Die aus der Sicht des Spannungsabfalles übertragbare Spitzenleistung hängt von der Bedarfsänderungsgeschwindigkeit ab. Ist sie langsam genug, daß Regeleinrichtungen folgen können, so ist sie im Übertragungsnetz 110 kV und darüber praktisch nur wirtschaftlich begrenzt, im Verteilungsnetz 20 kV und darunter ist sie durch die beim Kunden zulässigen Spannungsabweichungen technisch begrenzt. Stoßbelastungen dagegen, wie sie zum Beispiel auftreten bei großen Schweißgeräten, beim Einschalten großer Motoren usw., können in allen Spannungsebenen je nach Häufigkeit die übertragbare Leistung begrenzen, da Spannungssprünge im Netz durch Regeleinrichtungen nicht sofort ausgeglichen werden können und schon weit unterhalb der bei kontinuierlichen Belastungsänderungen zulässigen Spannungsabfällen störend wirken.

Generell läßt sich sagen, daß die übertragbare Leistung in dichten Kabelnetzen vorwiegend durch die thermische Übertragungsfähigkeit, in weiträumigen Freileitungsnetzen vorwiegend durch den zulässigen Spannungsabfall begrenzt wird. Da der Netzausbau immer in Stufen und zudem zuwachsorientiert erfolgt, treten die genannten Grenzen immer nur in Teilbereichen auf.

Gleichwohl ist das Auslegungskriterium des betrachteten Anlageteiles die jeweils unterstellte Spitzenlast. Je besser die danach bemessene Netzleistungsfähigkeit ausgenützt wird, das heißt je gleichmäßiger der Belastungsverlauf ist, um so geringere Festkosten entfallen spezifisch auf die übertragene Arbeit.

4. Tendenz zur Vergleichmäßigung des Bedarfsverlaufes

Aus Ziffer 3 ergibt sich, daß eine Vergleichmäßigung des Bedarfsverlaufes anzustreben ist. Einmal aus dem selbstverständlichen Grundsatz, daß bessere Kapazitätsausnutzung die spezifischen Kosten senkt, zum anderen wegen der dadurch darüber hinaus ermöglichten günstigeren Stromerzeugung. Beide Maßnahmen haben letztlich Auswirkungen auf die Preisgestaltung der EVU.

Eine Vergleichmäßigung kann grundsätzlich auf zwei Wegen erreicht werden:

a) durch zeitliche Verlagerung des Bedarfes der Kunden von Spitzenzeiten in Talzeiten des EVU bei gleicher elektrischer Arbeit. Dabei braucht sich der Leistungsbedarf des einzelnen Kunden in der Höhe nicht zu verändern;

b) durch Auffüllung der Täler zwischen den Spitzenzeiten bei entsprechendem Mehrbedarf an elektrischer Arbeit.

Der Vorteil von a) braucht nicht diskutiert zu werden; er ist selbstverständlich. Aber auch b) ist von Vorteil, wenn die zusätzlichen Arbeitsmengen zu einem Preis absetzbar sind, der außer den Zuwachskosten auch noch einen - wenn vielleicht auch geringen - Festkostendeckungsbeitrag enthält. Dann lassen sich die gesamten Durchschnittskosten je kWh senken.

Die Elektrizitätswirtschaft war immer schon bemüht, durch entsprechende Tarif- und Preisgestaltung und vertragliche Regelungen ein Verbraucherverhalten nach a) und b) anzureizen bzw. zu bewirken. Dazu gehört der Preisaufbau mit an den Kosten orientierten Leistungs- und Arbeitspreisen, der allein schon Veranlassung gibt, eine bestimmte Arbeitsmenge möglichst gleichmäßig zu verbrauchen. Darüber hinaus geben Anreiz die Preise für Hochtarif- und Niedertarifzeit, Benutzungsdauer-Rabatte oder mengenabhängige Arbeitspreiszonen, Sonderpreise für Nachtspeicherheizung und Nachlässe für Leistungsbeanspruchungen außerhalb der Spitzenlastzeiten, die die Leistungsbeanspruchung in der Spitzenlastzeit übersteigt. Ein Anreiz zur Vergleichmäßigung des Belastungsverlaufes würde - das ist nur als Anregung zu verstehen - auch ausgehen von einer Preisgestaltung, die zum Beispiel berücksichtigt, ob Belastungskurven innerhalb bestimmter Abnehmergruppen ihre Spitzen zur selben Zeit haben. Durch vertragliche Regelung läßt sich ebenfalls eine Beeinflussung des Bedarfsverlaufes erzielen, so zum Beispiel: durch Vereinbarung von Sperrzeiten, innerhalb derer gewisse Geräte nicht betrieben werden dürfen; durch Beeinflussung der Betriebszeiten bestimmter Geräte mittels Schaltuhren oder flexibel mittels Rundsteueranlagen; durch sogenannte "Unterbrechbare Verträge"; dies bedeutet die Bereitstellung von widerruflicher Leistung für Kunden mit Verlagerungsmöglichkeit des Bedarfes, die ihren Leistungsbedarf auf aktuelle Anforderung des EVU teilweise oder ganz einzuschränken bereit sind.

Die Summe all dieser Bemühungen hat, insbesondere durch Eintritt in den Wärmemarkt, die Belastungsdiagramme zumindest in der Winterzeit sehr vergleichmäßigt. B i l d 7 zeigt den Vergleich 1957/1977 am Beispiel eines regionalen EVU und der BRD, und zwar zur Zeit der Winterhöchstlast, B i l d 8 gibt die Verhältnisse im Sommer wieder. Das regionale und das Bundesgebiet weisen eine sehr ähnliche Tendenz auf. Es zeigt sich, daß sich die Sommerverhältnisse von 1957 bis 1977 nur wenig verändert haben. Das ist Grund genug, weitere Anstrengungen in dieser Richtung zu unternehmen.

5. Schlußbemerkung

Die Problematik der Bedarfsspitzen in der Elektrizitätswirtschaft besteht darin, die für die Bedarfsspitzen ausgelegten Anlagen möglichst gut auszunützen und den Anteil von kostengünstiger Grundlasterzeugung an der Gesamterzeugung möglichst zu erhöhen. In dieser Richtung sind Verbesserungen prinzipiell möglich, wenn auch schwer zu realisieren. Die Problematik zeigt sich besonders im Unterschied zwischen Sommer- und Winterbelastungsdiagrammen. Der Ausbau der sogenannten Spitzenlast-Kraftwerke ist ein vorwiegend technisches Problem, das aus der Nichtspeicherbarkeit elektrischer Energie resultiert und das auch bei ausgeglichenem Belastungsverlauf aus Gründen der Regelung und der Sicherstellung der Versorgung bei Kraftwerksausfällen gelöst werden muß.

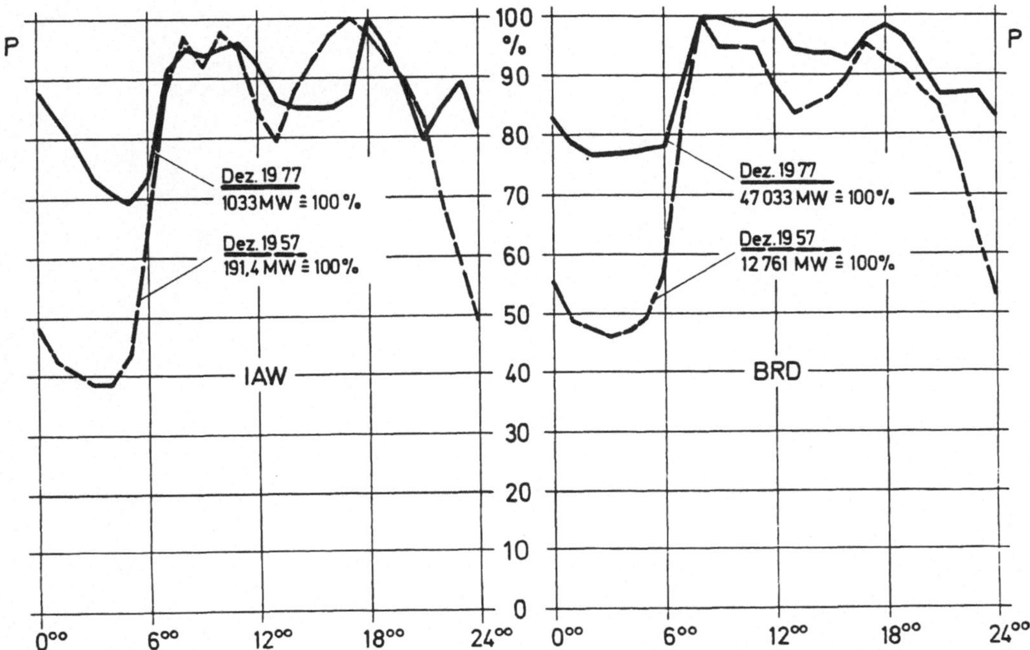

Bild 7. Winter-Tagesbelastungsdiagramme: Vergleich 1957 mit 1977

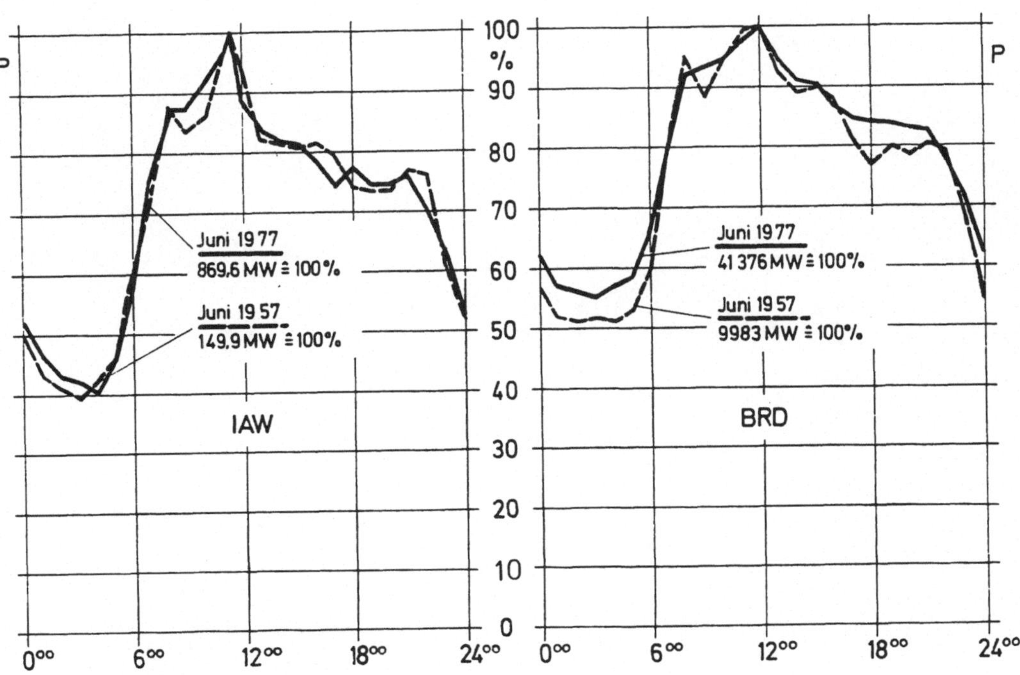

Bild 8. Sommer-Tagesbelastungsdiagramme: Vergleich 1957 mit 1977

PROBLEMATIK DER BEDARFSSPITZEN IN DER GASWIRTSCHAFT - OPTIMIERUNG DER GASVERSORGUNG DURCH UNTERBRECHBARE LIEFERUNGEN UND SPITZENDECKUNGSANLAGEN

DR. ARNULF HAEBERLIN, ESSEN

Anforderungen an die Gasversorgungsunternehmen

Der Absatz eines Gasversorgungsunternehmens wird durch verschiedene Komponenten beeinflußt. Zunächst kann man den Gasabsatz in einen temperaturunabhängigen und einen temperaturabhängigen Teil trennen. Darüber hinaus unterliegt der Gasabsatz zum Beispiel Schwankungen aus der Saison, dem Wochentag und der Konjunktur.

Die wichtigste Einflußgröße ist heute die Temperatur. Fällt die Temperatur unter eine Grenztemperatur, die zwischen 15 und 18 °C liegt, so steigt der Gasverbrauch linear an. Das Steigungsmaß ist davon abhängig, wie groß der Heizgasanteil am Gesamtabsatz eines Gasversorgungsunternehmens ist. Würde das Gasversorgungsunternehmen Gas nur zu Zwecken der Vollversorgung liefern, würde der Absatz mit jedem Grad Temperaturrückgang um etwa 80 % der Grundlast - das heißt der temperaturunabhängigen Gasabgabe - ansteigen. Das bedeutet, daß der tägliche Gasabsatz bei minimalen Außentemperaturen etwa das 25fache der Sommerabgabe - Grundlast - beträgt.

Die Aufgabe, dem Kunden das Gas im Bedarfsfall in ausreichendem Maß anbieten zu können, könnte theoretisch dadurch gelöst werden, daß alle Anlagen ab Erdgassonde bis zum Verbraucher so ausgelegt werden, daß der jeweilige Bedarf zum Zeitpunkt der Nachfrage an der Erdgassonde abgerufen und dem Verbraucher zugeführt wird. Dem stehen aber wirtschaftliche und daraus resultierende vertragliche Gründe entgegen.

Zwischen Erdgasfeld und Verbrauchszentren müssen große Entfernungen überwunden werden. Die Investitionsmittel für Produktion und Transport werden von den Erdgasanbietern nur bereitgestellt, wenn eine angemessene Verzinsung des eingesetzten Kapitals gesichert ist. Das ist nur der Fall, wenn die Käufer große Mengen im Bandbetrieb übernehmen.

Zwischen der Einspeisung des Gases und der Übernahme durch den Verbraucher muß also eine Anpassung zwischen Bezugs- und Verbrauchsbedingungen erfolgen. Die deutsche Ferngaswirtschaft, die das Gas von den Erdgasproduzenten übernimmt, sieht eine ihrer Hauptaufgaben darin, die örtlichen

Gasversorgungsunternehmen von diesen harten Bezugsbedingungen zu entlasten. Sie sieht sich dazu in der Lage, da sie Untergrundspeicher und sonstige Spitzendeckungsanlagen betreibt sowie Verträge mit unterbrechbarer Lieferung abschließt.

Darüber hinaus bietet die Ferngaswirtschaft den örtlichen Gasversorgungsunternehmen durch das Leistungspreis-Arbeitspreis-System einen wirtschaftlichen Anreiz, sich an dem Ausgleich zwischen den Erfordernissen des Bezugs und einer bedarfsgerechten Belieferung der Kunden zu beteiligen. Der Leistungspreis kann die örtlichen Gasversorgungsunternehmen veranlassen, durch rationellen Einsatz eigener Anlagen dazu beizutragen, den maximalen Stunden- oder Tagesbezug zu minimieren. Geringerer Leistungsbedarf bedeutet geringere Bezugskosten.

Optimierungsmöglichkeiten

Der deutschen Gaswirtschaft stehen prinzipiell folgende Möglichkeiten zur Verfügung, die unterschiedlichen Bezugs- und Nachfragebedingungen optimal in Einklang zu bringen:

- unterbrechbare Lieferungen und
- Spitzendeckungsanlagen.

Unterbrechbare Lieferungen

Hier schließen die Gasversorgungsunternehmen mit den letztverbrauchenden Großkunden einen Vertrag über unterbrechbare Lieferungen ab. Das Gasversorgungsunternehmen erhält das Recht, die Gaslieferungen an den Kunden unter bestimmten Kriterien voll oder teilweise zu unterbrechen. Für die Zeit der Unterbrechung setzt der Kunde eine andere Energie ein, in der Regel Heizöl.

Das Recht der Unterbrechung kann zum Beispiel eintreten

- unterhalb einer bestimmten Tagesmitteltemperatur,
- auf Anforderung durch das GVU unter Einhaltung einer gewissen Umschaltdauer,
- für eine definierte Zeitspanne.

Einige Gasversorgungsunternehmen schließen mit den Kunden Wärmelieferverträge ab. Sie behalten sich das Recht vor, wahlweise Erdgas einzusetzen oder eine andere Energie zu liefern. In diesen Fällen spricht man auch von umschaltbarer Lieferung.

Die Investitionen für die Verteilung des Gases sind bei unterbrechbaren Lieferungen in der Regel geringer. Allerdings sind auch die beim Kunden zu erzielenden Preise niedriger, da der Kunde Investitionen und Betriebskosten für eine bivalente Feuerung auf sich nimmt. Unterbrechbare Lieferungen sind für ein GVU wirtschaftlich interessant, wenn die Differenz aus Erlös auf der Verkaufsseite und Arbeitspreis auf der Einkaufsseite größer ist als die anfallenden Kosten des GVU zur Belieferung des Kunden.

Spitzendeckungsanlagen

Spitzendeckungsanlagen haben die Aufgabe, bei steigendem Bedarf - zum Beispiel bei niedriger Außentemperatur - über den Bezug hinaus zur Gasdarbietung beizutragen. Dieser zusätzliche Bedarf tritt normalerweise in einem Winter nur an wenigen Tagen auf. Er kann wirtschaftlich sinnvoll über Spitzenanlagen gedeckt werden, wenn die Kosten für die Spitzenmengen aus den Spitzendeckungsanlagen geringer sind als die Kosten des Bezugs vom Vorlieferanten.
Für eine Ferngas- oder Regionalgesellschaft ist der Bau und Betrieb einer Spitzendeckungsanlage wirtschaftlich, wenn die Kosten in Verbrauchsschwerpunkten niedriger sind als die Kosten eines Ausbaus des Transportsystems vom Vorlieferanten bis zum Verbraucher.

Für die Ferngasgesellschaften ist weiter wichtig, daß zur Spitzendeckung dienende Anlagen in Schwachlastzeiten Erdgasmengen aufnehmen können. Aufgrund der täglichen hohen Abnahmeverpflichtungen und den begrenzt möglichen unterbrechbaren Verträgen ist die Unterbringung von Erdgas zum Beispiel in Untertagespeichern die einzig sinnvolle Lösung.

Im Anschluß an diese allgemeinen Ausführungen sollen im einzelnen behandelt werden:

- örtliche Gasbehälter,
- Röhrenspeicher,
- Flüssiggas-Luft-Mischanlagen,
- Spaltanlagen,
- Flüssigerdgasanlagen sowie
- Untertagespeicher.

Gasbehälter

Die Bedeutung der Gasbehälter wird wegen der relativ hohen spezifischen Investitionen sowie Betriebs- und Unterhaltungskosten weiter zurückgehen. Der Behälterraum der örtlichen Gasversorgung beträgt in der Bundesrepublik etwa 10 Mio m^3.

Die größte Zahl dieser Behälter stammt noch aus der Zeit des Kokereigases und der örtlichen Eigenerzeugung. Soweit heute noch Behälter betrieben werden, haben sie die Funktion, den Bedarf einzelner Stundenspitzen zu decken (zum Beispiel bei einem Stundenleistungspreis) oder für gezielte Reparaturen von wenigen Stunden zur Verfügung zu stehen.

Röhrenspeicher

Zu dem Bau und Betrieb eines HD-Röhrenspeichers kann nur dann geraten werden, wenn bestimmte Voraussetzungen vorliegen. Das GVU muß zum Beispiel über einen hohen Übergabedruck verfügen.

Bei den Nordhorner Versorgungsbetrieben zum Beispiel wurde 1975 ein 1000 m langer HD-Röhrenspeicher, DN 1100, PN 70 gebaut. Dank des mit etwa 70 bar von den Erdgasproduzenten angelieferten Erdgases hat der Speicher ein Arbeitsvolumen von 55.000 m^3, so daß die Winterspitze etwa 10 bis 11 h lang um stündlich 5.000 m^3 abgebaut werden kann. Die Wiederauffüllung wird in den leistungspreisfreien Nachtstunden vorgenommen (1).

Flüssiggas-Luft-Mischanlagen

Diese Anlagen (auch LPG-Luft-Mischanlagen genannt) erzeugen durch Mischung von Flüssiggas (zum Beispiel Propan, Butan oder ein Gemisch) mit Luft ein erdgasähnliches Gas. Aus abrechnungstechnischen Gründen wird der Brennwert dieses Gemischs auf den Brennwert des Erdgases eingestellt. Da dieses Gemisch einen anderen Wobbeindex als das Erdgas hat, sind der Zumischung aus verbrennungstechnischen Gründen Grenzen gesetzt. Das Flüssiggas-Luft-Gemisch muß wegen der abweichenden Eigenschaften dem Erdgas an einer Stelle zugemischt werden, an der ein großer Erdgasstrom vorhanden ist. Am besten geschieht das unmittelbar hinter der Übernahmestation.

Dieses Verfahren kann nur in der Letztverteilung eingesetzt werden, da das Flüssiggas bei hohem Druck aus dem Gemisch ausfällt. Nur wenige Unternehmen verfügen über solche Anlagen zur Spitzendeckung. Ihr Anteil an der verfügbaren Tagesleistung der örtlichen GVU dürfte weit unter 5 % liegen.

Flüssiggas-Luft-Mischanlagen der beschriebenen Art zeichnen sich durch relativ geringe Investitionen und hohe Betriebskosten aus. Die Betriebskosten werden im wesentlichen bestimmt durch die Kosten des Flüssiggases. Sie liegen wegen des saisonalen Bedarfs über dem Arbeitspreis für das Erdgas. Der wirtschaftliche Einsatz der LPG-Anlage zur Spitzendeckung hängt im wesentlichen von den Erdgasbezugsbedingungen ab. Er ist im langjährigen Mittel nur an wenigen Tagen gegeben.

Spaltanlagen

Spaltanlagen auf Basis Leichtbenzin oder Flüssiggas zum Zweck der Spitzendeckung verlieren ständig an Bedeutung, weil die spezifischen Investitionen und Betriebskosten höher sind als zum Beispiel bei Flüssiggas-Luft-Mischanlagen.

Soweit solche Anlagen heute noch gebaut werden, müssen Sonderbedingungen vorliegen. Spaltanlagen wurden meistens in der Phase vor dem Übergang auf das Erdgas gebaut. Vorhandene Anlagen dieser Art werden heute noch zu Spitzendeckungszwecken eingesetzt, wenn die beweglichen Kosten unter den zusätzlichen Kosten des Bezugs liegen.

LNG-Anlagen

In Flüssigerdgasanlagen (auch LNG-Anlagen genannt) wird das bei einer Temperatur von -161 °C flüssig gelagerte Erdgas in Spitzenzeiten verdampft und nach einer unter Umständen erforderlichen Konditionierung im gasförmigen Zustand in das Ferngasnetz oder das regionale Gasnetz abgegeben. Das Flüssigerdgas wird entweder in den Sommer- und Übergangsmonaten aus dem gasförmigen Erdgas hergestellt oder aus einer anderen Verflüssigungsanlage bzw. einem Flüssigerdgasterminal herantransportiert und am Ort der Anlage gelagert.

Der Vorteil dieses Spitzendeckungsverfahrens liegt im Gegensatz zu den Flüssiggas-Luft-Mischanlagen darin, daß Methan nicht ausfällt, so daß dieses Verfahren auch bei hohen Drücken eingesetzt werden kann.

LNG-Anlagen haben gegenüber Untergrundspeichern den großen Vorteil, daß sie unabhängig von den geologischen Verhältnissen überall - also insbesondere auch in Verbrauchsschwerpunkten - errichtet werden können.

Bei LNG-Anlagen können größere Gasmengen in einem vergleichsweise kleinen Raum gespeichert werden. Das Erdgas benötigt im flüssigen Zustand nur etwa 1/600 des Raums, den es als Gas im Normzustand einnimmt. Flüssigerdgasanlagen mit eigener Verflüssigung befinden sich im Bundesgebiet in Stuttgart und in Nievenheim bei Köln. Anlagen ohne Verflüssiger (Satellitenstation) stehen in Göppingen und Geretsried in Südbayern, sie werden per Straßentankwagen aus Stuttgart mit LNG beliefert.

Die LNG-Anlagen weisen höhere Investitionen als die LPG-Anlagen auf, ihre Betriebskosten liegen im allgemeinen ebenfalls höher. Diese Anlagen können daher nur für die Deckung von Extremspitzen eingesetzt werden, das heißt in Jahren mit niedriger Außentemperatur etwa 10 bis

15 Betriebstage. Nach Angaben der Thyssengas soll die Anlage in Nievenheim erst bei Tagesdurchschnittstemperaturen von weniger als -8 °C eingesetzt werden. Das bedeutet, daß das Volumen des LNG-Speichers im langfristigen Mittel nur einmal in zehn Jahren umgeschlagen wird (2).

Untertagespeicher

Die Spitzendeckung kann auch mit Hilfe von Untertagespeichern erfolgen. Folgende Speichermethoden sind heute von Bedeutung:

- Speicherung in natürlichen Porenräumen des Untergrunds (Porenspeicher) und
- Speicherung in künstlich geschaffenen Hohlräumen des Untergrunds (Kavernenspeicher).

Porenspeicher arbeiten im allgemeinen mit einem großen Lagervolumen und einer relativ kleinen stündlichen Abgabeleistung. Das Verhältnis von Arbeitsgas zu Kissengas ist bestenfalls 1:1.

Als Porenspeicher eignen sich erschöpfte Erdöl- und Erdgaslagerstätten sowie poröse, mit Wasser gefüllte Sandschichten. Den zuletzt genannten Speichertyp nennt man Aquifer. Beide Speichermöglichkeiten werden heute in der Bundesrepublik wahrgenommen.
In jüngster Zeit werden in zunehmendem Maße Salzkavernen für die Speicherung von Erdgas und Erdöl eingesetzt. In Salzdomen, die bevorzugt im nordwestdeutschen Raum anzutreffen sind, oder auch in Salzlagern werden durch Aussolen des Salzes Kavernen geschaffen. Die dabei entstehende Sole wird in der Regel in die Nordsee geleitet. In wenigen Fällen ist es auch möglich, die problematische Beseitigung der Sole durch Weiterverarbeitung in der Chemie zu lösen. Für küstenferne Salzvorkommen bestehen Planungen, die Sole im Untergrund zu versenken.

Das Verhältnis Abgabeleistung zu Gasvolumen ist bei Salzkavernen ungleich günstiger als bei Porenspeichern. Aus Salzkavernen können große Leistungen für wenige Stunden und Tage abgegeben werden. Sie können auch in wesentlich kürzerer Zeit wieder aufgefüllt werden. Sie eignen sich deshalb für die kurzfristige Entnahme und Aufnahme. Sie eignen sich weniger für die Aufnahme großer Erdgasmengen in Schwachlastzeiten. Diese Aufgaben können Porenspeicher wirtschaftlich besser wahrnehmen.

Sofern man über mehrere Speichertypen in einem großen Transportsystem verfügt, besteht zwischen Salzkavernen und Porenspeichern eine Trennung der Funktionen. Salzkavernen decken vorwiegend hohe Spitzen, Porenspeicher werden in der Regel für den saisonalen Ausgleich eingesetzt. Bei der Schaffung von Untertagespeichern ist die Gaswirtschaft prinzipiell auf die gegebenen geologischen Verhältnisse angewiesen. Wie sich bisher schon zeigte, liegen die Untertagespeicher nicht in den Verbrauchsschwerpunkten. Bei der Beurteilung, ob ein Untertagespeicher die wirtschaftliche Situation eines GVU verbessern kann, sind auch die Transportkosten zum Speicher und vom Speicher zum Verbrauchsschwerpunkt zu berücksichtigen.

Bau und Betrieb der hier beschriebenen Spitzendeckungsanlagen sind für die einzelnen Gasversorgungsunternehmen so lange interessant, wie die Gesamtkosten eines Unternehmens mit Hilfe der Spitzendeckungsanlage niedriger liegen als ohne eine solche Anlage. Im individuellen Fall können die Untersuchungen eingeengt werden zum Beispiel auf die Frage, ob

- die Bezugskosten mit Hilfe einer Spitzendeckungsanlage niedriger sein können als ohne eine solche Anlage,
- die Transportkosten mit Hilfe einer Spitzendeckungsanlage am Verbrauchsort niedriger sein können als ohne eine solche Anlage.

Falls sich herausstellt, daß eine Spitzendeckungsanlage zu einer Kostensenkung beitragen kann, taucht die Frage nach der optimalen Größe auf. Grundsätzlich gilt, daß die optimale Größe dort liegt, wo die Differenz zwischen den jährlichen Durchschnittskosten des Bezugs oder des Transports und den jährlichen Durchschnittskosten aus der Spitzendeckungsanlage am größten ist. In diesem Fall entsprechen die Grenzkosten des bezogenen oder transportierten Gases den Grenzkosten des Gases aus der Spitzenanlage.

Vergleich unterbrechbare Lieferungen / Spitzendeckungsanlagen

Nach der Darstellung unterbrechbarer Lieferungen und der unterschiedlichen Spitzendeckungsanlagen taucht die Frage auf, welcher dieser beiden Möglichkeiten aus wirtschaftlicher Sicht der Vorzug zu geben ist. Auch diese Frage ist nicht allgemeingültig zu beantworten. Sie hängt von der individuellen Situation ab.

Unterstellt man, daß es für ein Gasversorgungsunternehmen wirtschaftlich ist, auf eine bestimmte Leistung bei Vorlieferanten zu verzichten, und zwar durch Beschaffung der Leistung durch unterbrechbare Lieferungen oder durch eine Spitzendeckungsanlage, so ergibt sich die bessere Lösung aus folgender Gegenüberstellung:

1. Jahresüberschuß aus unterbrechbaren Lieferungen

   Erlös bei den unterbrechbaren Kunden

   ./. Bezugskosten (nur Arbeitspreis)[1]

   ./. Verteilungskosten (evtl. Grenzkosten gegen Null)

   Überschuß

2. Jahresüberschuß aus Spitzendeckungsanlage

   Erlös bei den durchgängig belieferten Kunden

   ./. Bezugskosten (Arbeitspreis, evtl. teilweise Leistungspreis)

   ./. Kosten der Spitzendeckungsanlage

   ./. Verteilungskosten

   Überschuß

Die Variante mit dem höheren Überschuß stellt die optimale Lösung für das Gasversorgungsunternehmen dar.

Zusammenfassung

Die Kunden in Haushalt, Handel, Gewerbe und Industrie erwarten, daß die deutsche Gaswirtschaft ihre Bedarfswünsche in jeder Stunde des Jahres voll erfüllt. Ihr Bedarf schwankt aus unterschiedlichen Gründen. Die durchschnittliche Benutzungsdauer dieser Kundengruppen liegt bei durchgängiger Lieferung um 3000 Jahresbenutzungsstunden.

Zusätzliche Erdgasmengen können schon seit einigen Jahren nur noch zu 7000 bis 8000 Jahresbenutzungsstunden bezogen werden. Die deutsche Gaswirtschaft kann die gesteckten Absatzziele aber nur erreichen, wenn sie in der Lage ist, den ständig steigenden Bedarf im Bandbezug zu übernehmen. Die Diskrepanzen zwischen Bandlieferungen auf der Bezugsseite und bedarfsgerechter Darbietung auf der Absatzseite müssen von der deutschen Gaswirtschaft gelöst werden. Zur Überwindung dieser Diskrepanzen können unterbrechbare Verträge abgeschlossen und Spitzendeckungsanlagen gebaut und betrieben werden. Welche Lösungsmöglichkeit wirtschaftlich optimal und durchführbar ist, hängt von der individuellen Situation des einzelnen Gasversorgungsunternehmens ab.

---

1) evtl. Risikozuschlag aus Leistungspreis

Schrifttum

(1) S o l f, P.: Maßnahmen zur Senkung der spezifischen Verteilungskosten im Vollversorgungsbereich, dargestellt am Beispiel der Nordhorner Versorgungsbetriebe (NVB) GmbH. In ZfK, Zeitung für kommunale Wirtschaft, Ausgabe März 1977, Seite 20.

(2) H o p p e, M., M o r i t z, W.W.: Flüssigerdgasanlage. In Erdöl und Kohle, Band 29, Heft 12, Dezember 1976, S. 543 ff.

PROBLEMATIK DER BEDARFSSPITZEN IN DER FERNWÄRMEWIRTSCHAFT

Dipl.-Ing. H.P. Winkens

1. Einführung

Die Fernwärmeversorgung aus Heizkraftwerken, aber auch aus großen Wärmepumpen, wird mit steigenden Energiepreisen eine wachsende Bedeutung erlangen, weil durch sie der Energieaufwand für die Bereitstellung der Energie wesentlich vermindert und bei Heizkraftwerken in vielen Fällen der verbleibende Energieverbrauch auf Kohle und Kernenergie verlagert werden kann.

Darüber hinaus läßt sich durch die Fernwärmeversorgung die Umweltbelastung, insbesondere in Verdichtungsäumen, in einem wesentlichen Maße verringern.

Die Fernwärmewirtschaft sieht sich im wesentlichen vor zwei Probleme, die ihre Anwendung begrenzen, gestellt:

1.) Verringerung des Aufwandes für die Verteilung der Wärme,
2.) Deckung der nur selten auftretenden hohen Wärmebelastungsspitzen.

Diese Ausarbeitung beschäftigt sich - der gestellten Aufgabe entsprechend- im wesentlichen mit dem zweiten Punkt. Hierbei ist es erforderlich, das Thema noch weiter abzugrenzen. Es soll sich im wesentlichen mit der Dekkung des Raum- und Gebrauchswärmebedarfs befassen. Auf die örtlich recht unterschiedlichen Bedarfsabläufe des Produktionswärmebedarfs soll und kann hier nicht eingegangen werden.

2. Der Wärmebedarf und die auf ihn einwirkenden Faktoren

In B i l d 1 sind einige Tagesbelastungskurven der Stadtheizung Mannheim bei verschiedenen Außentemperaturen wiedergegeben. Sie zeigen - wie allgemein bekannt -, daß die Wärmeabgabe weitgehend von der Außentemperatur abhängig ist,und mit fallenden Außentemperaturen die Nachtbelastung gegenüber der Tagesbelastung stärker ansteigt, der Unterschied zwischen der Tag- und Nachtbelastung sich also immer mehr ausgleicht.

In B i l d 2 sind dann die Tageshöchstbelastungen der Werktage über der tagesmittleren Außentemperatur aufgetragen. In die tagesmittlere Außentemperatur wurde die Außentemperatur des Vortages mit gleichem Gewicht einbezogen. Man kann darüber verschiedener Meinung sein, ob eine solche Ge-

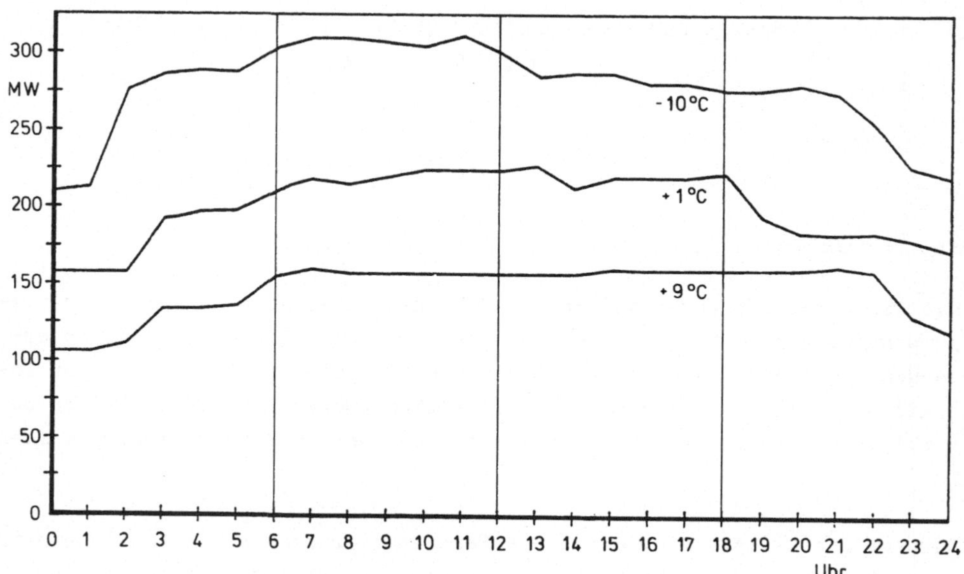

Bild 1. Tagesbelastungskurven der Stadtheizung MA Winter 1978/79

wichtung richtig und zweckmäßig ist. Wie die Abbildung zeigt, streuen die Werte insbesondere bei mittleren Außentemperaturen in einem weiten Maße. Hier machen sich außer der Außentemperatur eine Reihe von nicht zu vernachlässigenden Einwirkungsfaktoren, wie Sonneneinstrahlung, Wind und Niederschläge, bemerkbar. Sehr deutlich ist jedoch die Tendenz zu erkennen, daß der Anstieg der Tageshöchstlastwerte mit fallender Außentemperatur immer geringer werden. Auf den in B i l d 3 schematisiert dargestellten Sachverhalt ist bereits vor einem Jahrzehnt hingewiesen worden [1] und die Ursachen in einer Veröffentlichung des Vortragenden "Die Benutzungsdauer von Fernheizungen" [2] dargelegt worden. Diese sind im wesentlichen:

1.) Sehr niedrige Außentemperaturen sind in der Regel mit windarmen und sonnigen Wetterlagen verbunden.

2.) Über einer größeren, verdichteten Bebauung bildet sich eine Wärmeglocke aus.

3.) Der Wärmeübergang an den Außenwänden der Gebäude wird durch Wind und Regen und die Wärmeleitzahl der Außenwände durch die Luftfeuchtigkeit beeinflußt.

4.) Mit fallenden Außentemperaturen verringert sich relativ - insbesondere bei Fernheizungen mit Mengenbegrenzungen - der Einfluß der Nachtabsenkung

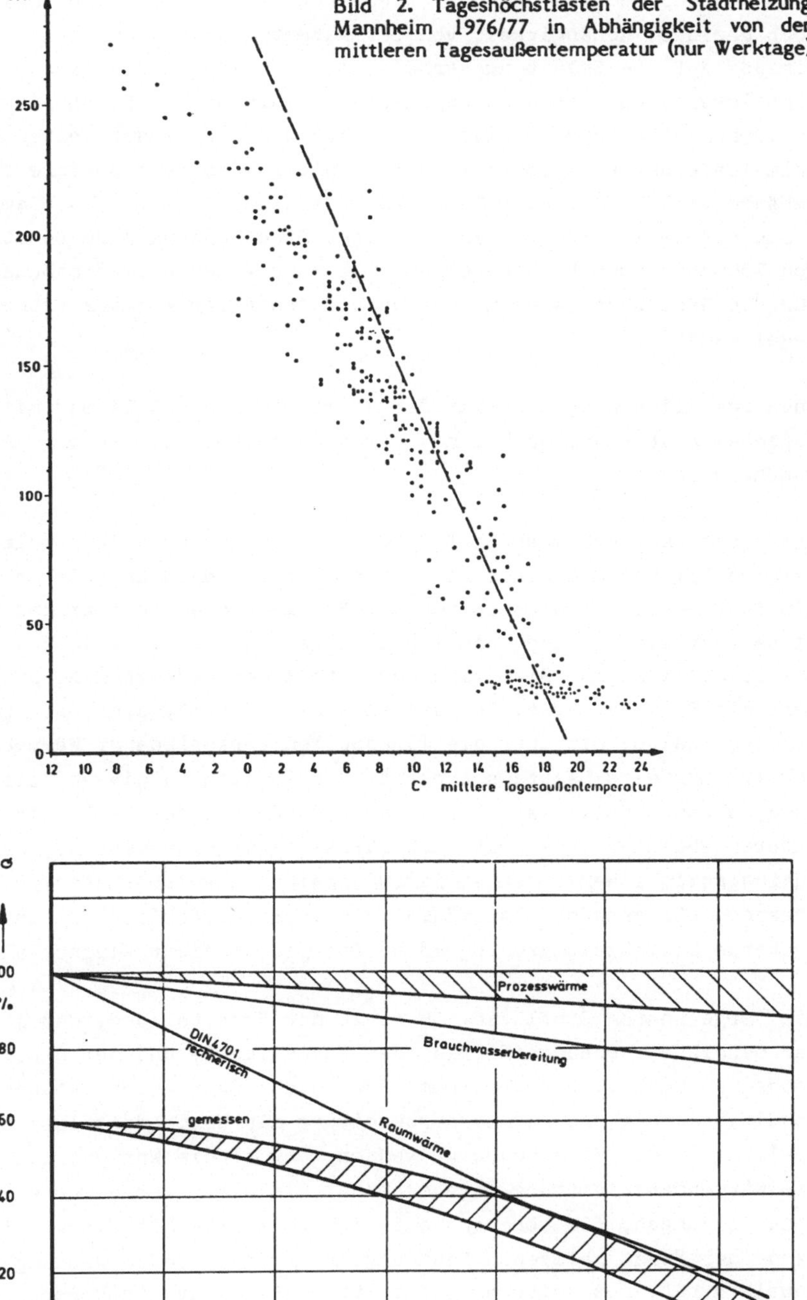

Bild 2. Tageshöchstlasten der Stadtheizung Mannheim 1976/77 in Abhängigkeit von der mittleren Tagesaußentemperatur (nur Werktage)

Bild 3. Wärmebedarf in Abhängigkeit von der Außentemperatur

Auch der Gebrauchswärmebedarf (Gebrauchswasseraufwärmung) weist eine, wenn auch geringe, Abhängigkeit von der Außentemperatur auf. Für seine Auswirkung auf die Belastungsverhältnisse ist jedoch die Feststellung von Wichtigkeit, daß die Gebrauchswasseraufwärmung bei Fernheizungen meist in Vorrangschaltung erfolgt, d.h., daß während dieser Zeiten die Raumwärmelieferung eingeschränkt wird. Infolge der Wärmespeicherfähigkeit der Gebäude wirkt sich dies auf die Wärmeversorgung nicht aus. Damit hat die Gebrauchswärmelieferung im Rahmen einer Stadtheizung eine Benutzungsdauer von 7000 bis 8000 h aufzuweisen. 15 - 20 % des Raumwärmebedarfs werden für die Gebrauchswasseraufwärmung bei zentraler Warmwasserbereitung in der Regel benötigt.

Auch bei Klimaanlagen steigt der Wärmebedarf nicht linear mit fallender Außentemperatur an, da bei niedrigen Außentemperaturen oft der Umluftanteil erhöht wird.

Die bisher aufgezeigten Einflüsse haben mit einem "Gleichzeitigkeitsgrad" im eigentlichen Sinne nichts zu tun. Bei reinen Wohngebieten ist dieser mit fast "null" anzusetzen, da die Heizgewohnheiten hier bei steigender Kälte fast gleich sind, nämlich durchgeheizt wird. Anders verhält es sich bei Stadtheizungen. Hier kann der Anteil der beheizten Nichtwohngebäude mehr als 50 % betragen. Bei diesen Gebäuden tritt aber oft, auch bei strenger Kälte, ein über die Tageszeiten verschiedener Wärmebedarf auf. So wird man eine halbtags beheizte Schule auch zu diesen Zeiten nicht voll durchheizen, sondern am Nachmittag und während der Nacht die Raumtemperaturen absenken. Das gilt auch für klimatisierte Gebäude, die während der Nutzungszeit einen erhöhten Luftwechsel aufzuweisen haben, z. B. Kinos, Theater, Bürogebäude, Kaufhäuser usw. Der tatsächlich im einzelnen auftretende Gleichzeitigkeitsgrad dürfte jedoch nicht kleiner als 0,9 sein.

Die vorgenannten Einflüsse führen zu der Feststellung, daß je nach Lage der beheizten Gebäude (Einflus der Wärmeglocke) und der Bauart der Gebäude nur 0,55 .. 0,7 der Summe der Anschlußwerte der Gebäude für Raumkonditionierung und Warmwasserbereitung als Wärmehöchstlast bei der Einspeisung in das Netz benötigt werden, obwohl die Wärmeverluste des Netzes die Wärmehöchstleistung noch erhöhen. Die niedrigeren Werte gelten für Stadtheizungen, die höheren Werte für Heizwerke mit einer offenen, am Rande der Stadt gelegenen Bebauung, die einen großen Wohnungsanteil aufzuweisen hat. Des weiteren ist festzuhalten, daß die Verminderung nicht auf einen entsprechenden Gleichzeitigkeitsgrad zurückzuführen ist, sondern der Wärmebedarf der einzelnen Gebäude zum Zeitpunkt der Höchstbelastung bei Auslegungstemperatur wesentlich niedriger liegt als die Berechnungswerte. Dieser Sachverhalt wird in der Fernwärmeversorgung durch den Begriff "Belastungsverhältnis" charakterisiert. Es handelt sich hierbei um das Verhältnis der Wärmehöchstlast eines Versorgungsgebietes zur Summe des Anschlußwertes der angeschlossenen Gebäude.

3. Jahresdauerlinien der Wärmebelastung

B i l d 4 zeigt die Jahresdauerlinien der Außentemperatur für verschiedene Städte der Bundesrepublik. Im Grunde gilt mit nur geringen Abweichungen der gleiche Ablauf: Je niedriger die Auslegungstemperaturen sind, umso höher sind auch die auftretenden Gradtagszahlen. Der Einfluß der klimatischen Verhältnisse auf die Benutzungsdauer wird meist überschätzt.Sie ist bei großen Stadtheizungen mit etwa 3000 Std. in fast allen Orten Europas gleich infolge der engen Korrelation der mittleren Außentemperatur mit der Auslegungstemperatur.

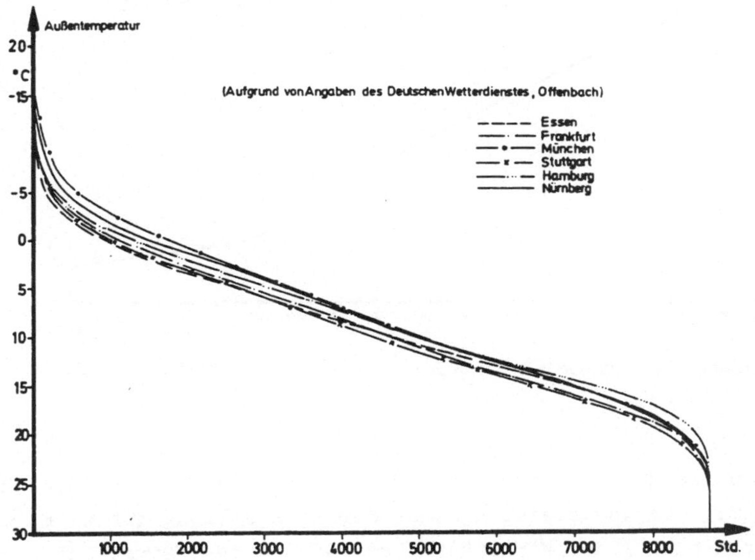

Bild 4. Dauerlinien der Außentemperatur für verschiedene Städte im Beobachtungszeitraum 1951 bis 1970

Mit Hilfe der Jahresdauerlinie der Außentemperatur für ein Normaljahr läßt sich unter Berücksichtigung der in B i l d 3 gezeigten Zusammenhänge leicht die Jahresdauerlinie der Wärmeabgabe einer Stadtheizung entwickeln. Sie stimmt mit den aus den Tagesbelastungs-Diagrammen gebildeten Jahresdauerlinien gut überein. In B i l d 5 ist die Jahresdauerlinie der Stadtheizung Mannheim, wie sie sich für das Wirtschaftsjahr 76/77 ergeben hat, aufgezeigt.

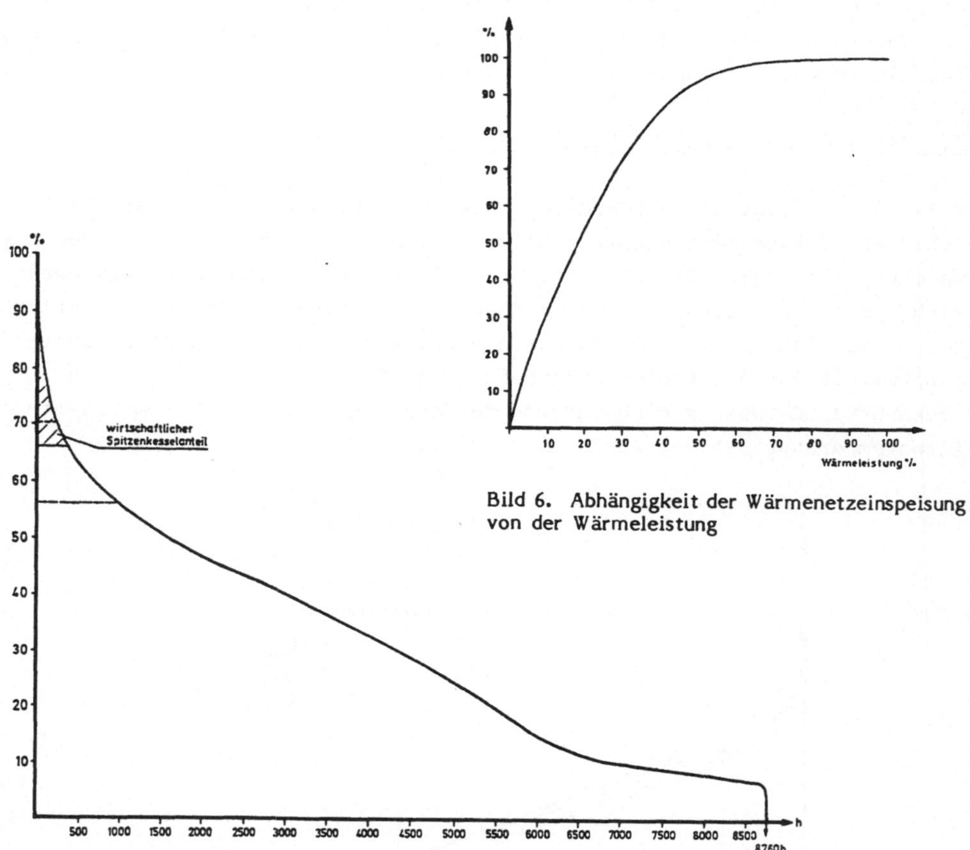

Bild 6. Abhängigkeit der Wärmenetzeinspeisung von der Wärmeleistung

Bild 5. Geordnete Jahresdauerlinie der Wärmeleistung der Stadtheizung Mannheim

B i l d 6 zeigt die Verknüpfung der Netzeinspeisung der Stadtheizung Mannheim mit der Wärmeleistung. Aus der Darstelllung ist z. B. ersichtlich, daß mit 50 % der Wärmehöchstlast 93,5 % des Wärmebedarfs gedeckt werden könnten. Auf eine Spitzenleistung von 40 % der Wärmehöchstlast entfallen nur 3 % der Jahreswärmeabgabe.

4. Maßnahmen zur wirtschaftlichen Deckung der Spitzenbelastung

Dieser Sachverhalt zwingt die Fernwärmeversorung zu Optimierungsüberlegungen in die Richtung, daß für die kostenbestimmenden Faktoren die Spitzen "gebrochen" werden und eine hohe Auslastung angestrebt wird.

Für die Auslegung des Netzes ist die umzuwälzende Heizwassermenge maßgebend. Sie kann klein gehalten werden, wenn eine hohe Temperaturspreizung, also eine große Temperaturdifferenz zwischen Vor- und Rücklauf

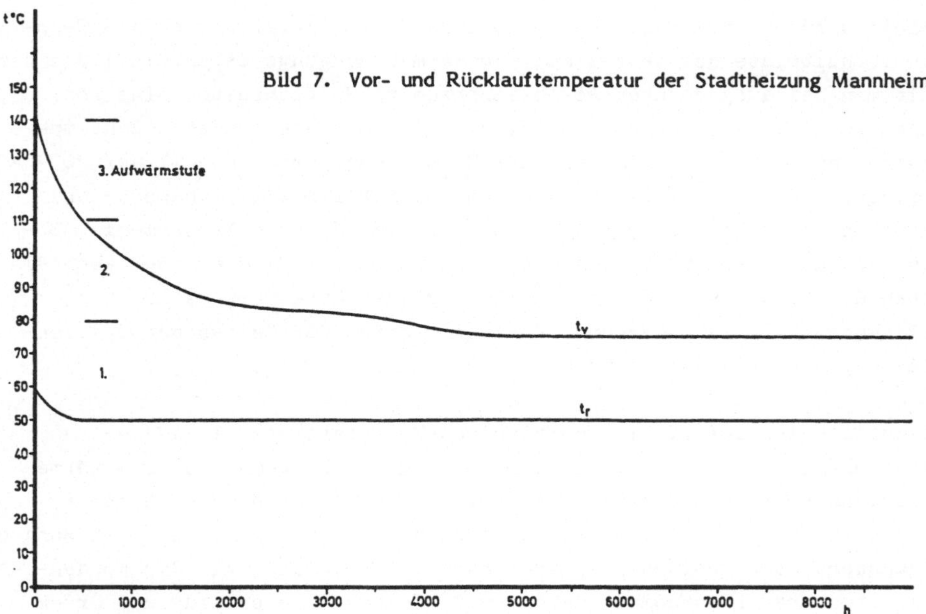

Bild 7. Vor- und Rücklauftemperatur der Stadtheizung Mannheim

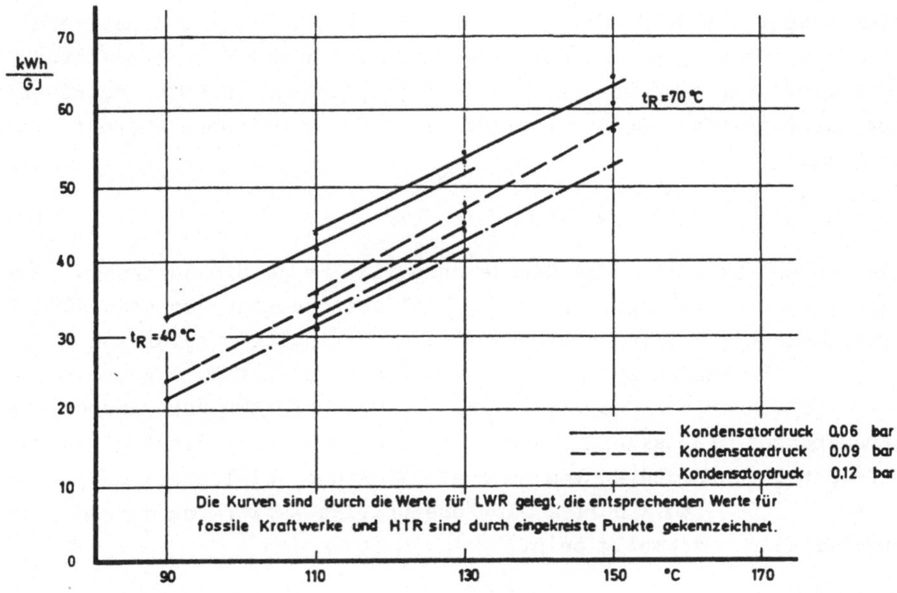

Bild 8. Stromeinbuße bei Heißwasserlieferung aus Heizkraftwerken und einstufiger Aufwärmung.

gewählt wird. Da zumindest bei Dampfturbinen-Heizkraftwerken die Temperaturverhältnisse des Netzes auf die Wärmeerzeugungskosten Einfluß haben, wählt man bei ausgedehnten Fernheiznetzen zu Spitzenzeiten eine hohe Temperaturdifferenz von 60 - 90 K, die sich mit steigenden Außentemperaturen unter Aufrechterhaltung der Wassermenge sehr schnell auf 20 - 40 K verringert (B i l d 7). Somit ist es möglich,für die Transport- und Verteilungsanlagen, bezogen auf die max. umzuwälzende Wassermenge, Benutzungsstunden von 6000 h und mehr zu erreichen. Da dies aber auch die Kosten der Hausstationen beeinflußt, wird man hohe Temperaturdifferenzen zwischen Vor- und Rücklauf während der Zeiten der Spitzenbelastung nur bei ausgedehnten Stadtheizungen anwenden.

Bekanntlich ist bei einem Dampfturbinen-Heizkraftwerk die Wärmeerzeugung mit einer Einbuße an Stromerzeugung verbunden, da die Wärmeversorgung nicht mit dem Temperaturniveau der Abwärne eines Kondensationskraftwerkes erfolgen kann, sondern der Dampf für die Aufheizung des Heizwassers den Turbinen bei einer höheren Temperatur als der Kondensationstemperatur entnommen werden muß. Je höher Temperatur und Druck des Entnahmedampfes gewählt werden müssen, umso größer ist die Einbuße an Stromerzeugung und umso höher sind damit auch die festen und beweglichen Kosten der Wärmeerzeugung. Die Verhältnisse sind in B i l d 8, wie sie sich bei Dampfturbinenheizkraftwerken größerer Leistung bei einstufiger Aufwärmung des Heizwassers ergeben, dargestellt. Neben der Vorlauftemperatur sind naturgemäß der Kondensatordruck und bei mehrstufiger Aufwärmung auch die Rücklauftemperatur auf die Stromeinbuße von Einfluß. Für eine maximale Rücklauftemperatur von 60°C und einen Kondensatordruck von 0,09 bar ergibt sich für die Stromeinbuße folgende Beziehung:

$$e = 1{,}883\ t_r - 77{,}4\ \text{(kWh/MWh)} \qquad (1)$$

In der Formel ist "e" die Stromeinbuße in kWh je MWh Wärmeabgabe und t_r die Vorlauftemperatur. Bei einer Vorlauftemperatur von etwa 40°C ist die Stromeinbuße = 0 und steigt bei einer Vorlauftemperatur von z. B. 100°C auf 111 kWh/MWh an. Durch eine zweistufige Aufwärmung des Heizwassers läßt sich der Energieaufwand auf 96,1 kWh/MWh verringern. Wie Untersuchungen [3] gezeigt haben, lohnt sich eine zweistufige Aufwärmung. Bei Temperaturspreizungen von mehr als 40 K und bei Temperaturspreizungen von mehr als 60 - 80 K dürfte eine dreistufige Aufwärmung des Heizwassers wirtschaftlich zweckmäßig sein.

Übersteigen nun die spezif. Festkosten der Kraft-Wärme-Kopplung die eines einfachen Spitzenkessels, so ist der Einatz von Spitzenkesseln in Erwägung zu ziehen. Wenn dieser dann in der mehrstufigen Aufwärmung des

Heizwassers der Kraft-Wärme-Kopplung nachgeschaltet wird, so können damit auch die spezif. Festkosten der Kraft-Wärme-Kopplung abgesenkt werden, da der Entnahmedampf dann mit niedrigeren Temperaturen der Turbine entnommen werden kann. Des weiteren muß berücksichtigt werden, daß die beweglichen Kosten der Kraft-Wärme-Kopplung geringer als die des Spitzenkessels sind. Offenbar wird sich der Einsatz eines Spitzenkessels von der Betriebsdauer an lohnen, die für die Gesamtkosten des Spitzenkessels gleiche Kosten wie die Kraft-Wärme-Kopplung für die entsprechende Aufwärmstufe ergibt.

Betrachten wir zunächst ein Kraftwerk mit spezifischen Festkosten der Stromerzeugung von 133 DM/kW und arbeitsabhängigen Kosten von 4,5 Pfg. /kWh bei einem Brennstoffwärmepreis von 17,20 DM/MWh (20 DM/Gcal). Die entsprechenden Kosten des Spitzenkessels sollen 14 200 DM/MW und 19,1 DM/MWh sein.Die Aufwärmung des Heizwassers soll zu Spitzenzeiten dreistufig von 60 auf 140°C erfolgen. Für die 3. Stufe der Aufwärmung von 113 auf 140°C ist bei der Kraft-Wärme-Kopplung dann mit Festkosten von rd. 24 800 DM/MW und mit arbeitsabhängigen Kosten von 8,4 DM/MWh bei einer spezif. Stromeinbuße von 186 kWh/MWh zu rechnen. Mit diesen Werten errechnet sich eine Grenzbetriebsdauer für eine Spitzenkesselteilleistung von 986 h. Aus der Jahresdauerlinie der Wärmebelastung (B i l d 5)ist damit ein Spitzenlastanteil der Spitzenkesselleistung von 43 % zu entnehmen. Dieser geht aber bereits über den Einsatzbereich der 3. Aufwärmstufe hinaus. Für die 2. Aufwärmstufe ergibt sich durch die geringeren Kosten der Kraft-Wärme-Kopplung für diese Aufwärmstufe eine Grenzbetriebsdauer der Spitzenkesselteilleistung von 230 h und damit ein Spitzenkesselanteil von nur 30 % an der Wärmehöchstlast. Dieser liegt aber wiederum im Bereich der 3. Aufwärmstufe. Infolgedessen mus der wirtschaftliche Spitzenkesselanteil an der Einsatzgrenze zwischen der 2. und 3. Aufwärmstufe, also in unserem Falle bei 33 % liegen.

Stellt man die gleiche Betrachtung für ein kleines Heizwerk (z. B. Dieselheizkraftwerk) an, dessen Stromerzeugung nur mit den Kosten eines großen Kondensationskraftwerkes bewertet werden kann, so erhält man bei Wärmeerzeugungskosten von 61 000 DM/MW und 10 DM/MWh einen wirtschaftlichen Spitzenkesselanteil von 77 %.

Damit wird ersichtlich, daß die häufig zitierte Regel, daß bei einer Stadtheizung nur etwa 50 % der Höchstlast mit der Stromerzeugung gekoppelt werden sollte, in dieser allgemeinen Form nicht stimmen kann. Der Anteil ist vielmehr abhängig von der Bewertung der Stromerzeugung und damit von den festen und beweglichen Kosten der Wärmeerzeugung, die wiederum von der Vorlauftemperatur abhängen, dem Brennstoffwärmepreis und den festen und beweglichen Kosten der Spitzenkesselleistung. Je niedriger die Vorlauftemperatur, umso geringer ist der wirtschaftliche Spitzenkesselanteil [4] .

Bei großen Heizkraftwerken wird sogar auf die Aufstellung von Spitzenkesseln verzichtet, weil in der Regel Strom- und Wärmespitze nicht zusammenfallen, die Wärmeabgabe für einige Stunden, nämlich zu den Spitzenzeiten des elektrischen Strombedarfs, vermindert oder unterbrochen werden kann, und durch das Schließen der Entnahmen für die Speisewasservorwärmung unter Inkaufnahme eines geringeren elektrischen Wirkungsgrades die Stromerzeugung erhöht werden und des weiteren die durch die Wärmebedarfsspitzen verursachte Stromeinbuße auch der vorgehaltenen elektrischen Reserveleistung entnommen werden kann.

5. Der Einsatz von Wärmespeichern zur Spitzendeckung

In diesem Zusammenhang kann auch die Nutzung von großen Kurzzeitwärmespeichern wirtschaftlich zweckmäßig sein. Während man früher Hochdruckspeicher bevorzugte, geht man heute wegen ihrer wesentlich geringeren Anlagekosten auf große drucklose Speicherbehälter in Form von Zylindertankanlagen über (B i l d 9).Eine solche Anlage mit einem umgebauten Öltank und einem Inhalt von 25 000 m³ ist seit einigen Jahren in Västerås (Schweden) in Betrieb. Mehrere solcher Behälter sind in Schweden zur Zeit in Planung und in Bau. Das gleiche gilt für die Fernwärmeversorgung in Flensburg.

Gehen wir einmal davon aus, daß zur Spitzenabdeckung der Speicher während 10 Stunden am Tage entladen werden muß, so betragen die spezif. Festkosten eines solchen Speichers nur 1800 DM/MW gegenüber denen eines Spitzenkessels von 14 200 DM/MW. Dazu kommen noch die wesentlich günstigeren arbeitsabhängigen Kosten mit etwa 5 DM/MWh gegenüber 19,1 DM/MWh des Spitzenkessels, wenn man davon ausgeht, daß der Speicher während der Nachtstunden aus der Kraft-Wärme-Kopplung ohne zusätzliche leistungsabhängige Kosten aufgeladen werden kann. Diese sehr günstige Art der Wärmespeicherung hat jedoch den Nachteil, daß sie nur mit einer Vorlauftemperatur von etwas unter 100°C möglich ist.

Neben der Behälterspeicherung wird auch die Rohrnetzspeicherung, z. B. zur Verminderung der morgendlichen Anheizspitzen, angewandt. Wie Ihnen B i l d 1 zeigte, ist es möglich, durch die Anhebung der Vorlauftemperatur in den frühen Nachtstunden die morgendliche Anheizspitze voll auszugleichen. Die Netzspeicherung gibt sogar die Möglichkeit, durch Rücknahme der Vorlauftemperatur die Wärmeleistung der Kraft-Wärmekopplung für 1 - 2 Stunden zurückzunehmen, um für die Deckung von elektrischen

Belastungsspitzen zusätzliche elektrische Leistung verfügbar zu haben. Des weiteren sind Überlegungen angestellt worden [5] , über große Speicherseen eine saisonale Wärmespeicherung vorzunehmen. Während der Sommermonate wird das Heizwasser gespeichert und in den Wintermonaten zusätzlich dann den Verbrauchern zugeführt. Damit könnte die Benutzungsdauer von Heizkraftwerken wesentlich erhöht werden. Die bisher vorliegenden Kostenabschätzungen [6,7] zeigen jedoch, daß die bisher vorgeschlagenen Konzepte noch nicht wirtschaftlich sind. Hierfür müßten spezifische Anlagekosten von 8 - 15 DM/m³ erreicht werden. In kleinerem Umfange wird jedoch bei steigenden Energiepreisen auch eine saisonale Wärmespeicherung an Bedeutung gewinnen, wenn die technologischen Schwierigkeiten überwunden werden. In Mannheim soll hierzu ein Versuchsbecken mit einem Inhalt von 30 000 m³ erstellt werden. Die bisherigen Untersuchungen zeigen, daß es nicht sehr einfach ist, hierfür befriedigende technologische Lösungen zu finden, wenn man von der bewährten Stahltankform abweichen will. Hierbei muß die Wandkonstruktion des Beckens druckfest (Isolation) und dampfdiffusionsdicht sein.

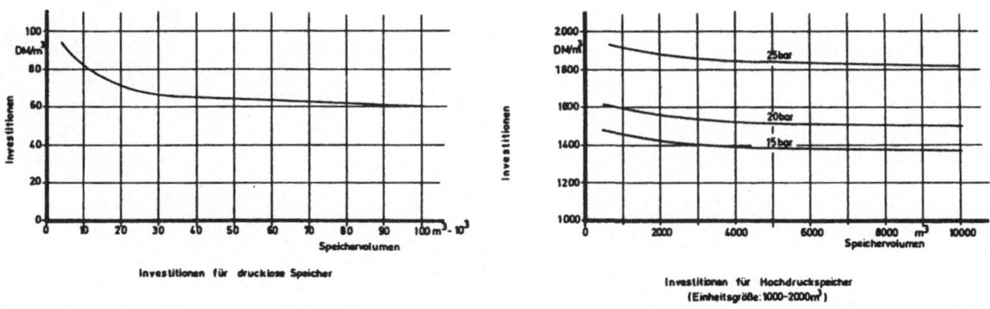

Bild 9. Zylindergroßtanks (Stahl)

Bild 9a. Hochdruckspeicherbatterien.

Die weitere Entwicklung der Fernwärmeversorgung wird wahrscheinlich dadurch gekennzeichnet sein, daß es gelingt, die Rücklauftemperaturen auf 30 - 40°C abzusenken. Auch bei großen Fernheizsystemen werden dann maximale Vorlauftemperaturen von 110°C ausreichen. Diese Entwicklung wird die Spitzendeckung durch Speicherung begünstigen.

Literaturverzeichnis

1 H. P. Winkens:"Energiewirtschaftliche Probleme der Städteheizung", Praktische Energiekunde Jg. 13 (1965), Heft 5

2 H. P. Winkens: "Die Benutzungsdauer von Fernheizungen", Energie, Jahrg. 27, Nr. 11, November 1975

3 Bundesministerium für Forschung und Technologie "Gesamtstudie über die Möglichkeiten der Fernwärmeversorgung aus Heizkraftwerken in der Bundesrepublik Deutschland",Teil A 3 "Wärmeerzeugung", Bonn 1977

4 H. P. Winkens: "Bestimmung der wirtschaftlich optimalen Vorlauftemperatur einer Fernheizung mit einem Dampfturbinen-Heizkraftwerk", Fernwärme International, Jg. 4/75,Heft 1, S. 5 - 14

5 F. Scholz: "Warmwasserseen als Langzeit-Wärmespeicher", VDI-Berichte 288 "Rationelle Energienutzung durch Wärmespeicherung", VDI-Verlag GmbH, Düsseldorf, 1977

6 MBB-Bericht Nr. UR - 361 - 77 "Energiespeicher in Systemen mit Wärme-Kraft-Kopplung", Studie im Auftrage des BMFT, 1977

7 A. Gerken: "Grenzkostenbetrachtung für den wirtschaftlichen Einsatz von Wärmespeichern bei der Kraft-Wärme-Kopplung", VDI-Berichte 288 "Rationelle Energienutzung durch Wärme-Speicherung", VDI-Verlag GmbH, Düsseldorf, 1977

Problematik der Bedarfsspitzen in der Mineralölwirtschaft

Dr. H.-J. Burchard

Die Frage der Bedarfsspitzen in der Mineralölindustrie ist anders zu sehen als die der leitungsgebundenen Energien. Insbesondere ist sie grundsätzlich anders gelagert als bei der Stromversorgung. Der entscheidende Unterschied gegenüber dem Strom liegt darin, daß die Erzeugung und Bereitstellung nicht pari passu - oder genauer gesagt, gleichzeitig - mit der Abnahme und dem Verbrauch erfolgen muß.

Die Erzeugung der Mineralölprodukte in den Raffinerien einerseits und die Abnahme durch die Verbraucher andererseits sind völlig voneinander getrennte Vorgänge, und auch die Abnahme durch den Verbraucher und der Verbrauch selbst fallen nicht zusammen. Selbstverständlich sind diese Vorgänge, auch wenn sie sich getrennt und unabhängig voneinander vollziehen,in ihren Mengen voneinander beeinflußt. Zwischen Erzeugung und Verwendung der Mineralölprodukte liegen jedoch unterschiedliche Vertriebswege, die sowohl Transportvorgänge wie Lagerung beinhalten und zwar in aller Regel mehrere. Diese Lagerungen haben Bereitstellungs- und Pufferfunktionen und auch der Inhalt der Transportgefäße stellt gewissermaßen eine sich bewegende Bereitstellungsmenge dar.

Wenn man einmal den Gang vom Rohöl nach dessen Ankunft im Verbraucherland bis zur Bereitstellung des Produktes beim Verwender betrachtet, so ergeben sich mindestens die folgenden Wege, wobei weitere Zwischenstufen, insbesondere beim leichten Heizöl durchaus möglich sind.

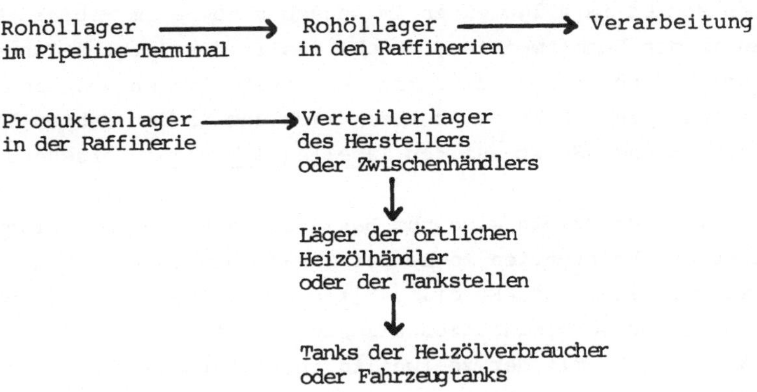

Die Bedarfsentwicklung der einzelnen Produkte wird aus sektoralen Analysen abgeleitet, in die die unterschiedlichen Bestimmungsfaktoren für die verschiedenen Produkte Eingang finden. Der daraus resultierende Bedarfstrend unterliegt im Jahresablauf jedoch Schwankungen, die sich z. B.

- aus dem jahreszeitlichen Ablauf der Witterung (insbesondere beim leichten Heizöl)

- aus den Reisegewohnheiten, insbesondere in Verbindung mit der zeitlichen Anordnung der Schulferien (vor allem für Vergaserkraftstoff)

- aus saisonbedingten Rhythmen verschiedener Industriezweige (für schweres Heizöl und für Dieselkraftstoff im Transportwesen)

- aus Schwankungen im Ablauf volkswirtschaftlicher Versorgungsvorgänge (ebenfalls für den Dieselverbrauch)

ergeben. Besonders herausragende Punkte können dabei bestimmte Feiertage darstellen. Außerdem wird die Nachfrage nach einigen Produkten wechselseitig beeinflußt. So wird in der Regel während der Reisezeiten wenig Heizöl gekauft, weil das Geld für Urlaubsreisen disponiert ist und damit die Nachfrage nach Vergaserkraftstoff stimuliert wird.

Basierend auf langjährigen monatlichen Absatzzahlen und ihren Veränderungen sowie basierend auf der Lage der Ferien und der Feiertage werden jährliche Saisonschlüssel (sog. Sonnenschlüssel) für Vergaserkraftstoff (VK) und leichtes Heizöl (HEL) erstellt. Sie spiegeln die für das betreffende Jahr erwarteten monatlichen prozentualen Anteile an dem erwarteten gesamten Jahresabsatz wider. So zeigt beispielsweise der VK-Schlüssel für 1978 im Februar mit 6,8 % die niedrigste Zahl, die natürlich auch durch die geringere Anzahl von Tagen beeinflußt ist, und demgegenüber im August mit 8,9 % die höchste Zahl. Bei HEL liegen die Dinge umgekehrt, hier liegen die höchsten Zahlen im allgemeinen im Dezember sowie im Februar/März, die niedrigsten in den Sommermonaten, obwohl das in den letzten Jahren aus verschiedenen Gründen nicht immer mit den tatsächlichen Absatzzahlen übereingestimmt hat. Die effektive Absatzentwicklung in den Jahren 1975 bis 1978 für VK, HEL und HS ist aus den Tabellen 1 bis 3 zu ersehen.

Auf diesen Saisonschlüsseln wiederum basiert die Versorgungsplanung, d. h. die Fahrweise der Raffinerien sowie der Zukauf bestimmter Produkte durch Importe, was vor allem für HEL gilt. Unter Fahrweise der Raffinerien ist sowohl die Höhe des Rohöleinsatzes als auch die Ausnutzung der vorhandenen Flexibilität gemeint, mit der zeitweilig auf größtmögliche Ausbeute an leichten Produkten, zeitweilig auf Heizöl gefahren wird. Auch die notwen-

Monat	1975		1976		1977		1978	
	in 1000 t	in v.H.	in 1000 t	in v.H.	in 1000 t	in v.H.	in 1000 t	in v.H.
Januar	1 434,0	7,26	1 391,9	6,76	1 520,6	6,97	1 697,2	7,37
Februar	1 452,8	7,36	1 478,7	7,19	1 551,3	7,12	1 604,7	6,97
März	1 494,4	7,57	1 762,1	8,56	1 894,9	8,69	1 964,3	8,54
April	1 765,6	8,94	1 810,8	8,80	1 779,2	8,16	1 905,3	8,28
Mai	1 721,4	8,72	1 720,9	8,36	1 870,8	8,58	2 020,7	8,78
Juni	1 658,1	8,40	1 793,3	8,71	1 836,8	8,42	1 950,1	8,47
Juli	1 739,5	8,81	1 821,0	8,85	1 935,4	8,87	1 952,8	8,49
August	1 673,9	8,48	1 760,2	8,55	1 971,9	9,04	2 070,0	8,99
September	1 647,5	8,34	1 807,7	8,78	1 866,7	8,56	1 941,6	8,44
Oktober	1 823,9	9,23	1 738,8	8,45	1 880,1	8,62	2 064,1	8,97
November	1 550,7	7,85	1 758,0	8,54	1 814,6	8,32	1 954,4	8,49
Dezember	1 784,7	9,04	1 739,6	8,45	1 887,0	8,65	1 889,3	8,21
Jahresabsatz	19 746,5	100,00	20 583,0	100,00	21 809,3	100,00	23 014,5	100,00

Quelle: Mineralölwirtschaftsverband e.V.

Tafel 1. Monatlicher Inlandsabsatz von Motorenbenzin 1975 - 1978

Monat	1975		1976		1977		1978	
	in 1000 t	in v.H.	in 1000 t	in v.H.	in 1000 t	in v.H.	in 1000 t	in v.H.
Januar	3 883,0	8,66	4 839,9	9,87	4 149,1	8,80	4 531,8	9,04
Februar	4 189,5	9,34	4 408,9	8,99	3 705,5	7,86	5 638,3	11,24
März	4 139,8	9,23	5 081,7	10,36	4 240,1	8,99	4 652,3	9,28
April	3 826,3	8,53	3 361,1	6,86	3 659,5	7,76	4 199,2	8,37
Mai	3 750,9	8,37	3 622,2	7,39	3 532,2	7,49	3 556,1	7,09
Juni	2 900,3	6,47	3 178,2	6,48	3 867,1	8,21	3 928,0	7,83
Juli	4 006,8	8,94	4 491,8	9,16	3 813,7	8,09	4 957,7	9,89
August	4 161,1	9,28	3 989,6	8,14	4 049,0	8,59	2 936,2	5,85
September	3 280,7	7,32	3 831,1	7,81	3 869,4	8,21	3 490,1	6,96
Oktober	2 961,0	6,60	3 450,1	7,04	3 027,2	6,42	3 528,2	7,04
November	3 457,0	7,71	4 223,7	8,61	4 163,7	8,83	4 211,0	8,40
Dezember	4 282,4	9,55	4 557,3	9,29	5 065,1	10,75	4 519,1	9,01
Jahresabsatz	44 838,8	100,00	49 035,6	100,00	47 141,6	100,00	50 148,0	100,00

Quelle: Mineralölwirtschaftsverband e.V.

Tafel 2. Monatlicher Inlandsabsatz von leichtem Heizöl 1975 - 1978

Monat	1975 in 1000 t	1975 in v.H.	1976 in 1000 t	1976 in v.H.	1977 in 1000 t	1977 in v.H.	1978 in 1000 t	1978 in v.H.
Januar	1 871,1	8,34	2 011,4	8,28	2 171,5	9,84	1 929,7	8,69
Februar	1 713,4	7,64	1 851,9	7,62	1 864,1	8,45	1 924,7	8,66
März	1 756,4	7,83	2 139,2	8,80	1 859,6	8,43	1 836,6	8,27
April	2 044,3	9,11	1 886,3	7,76	1 782,5	8,08	1 715,3	7,72
Mai	1 633,7	7,28	1 721,7	7,08	1 736,3	7,87	1 531,7	6,89
Juni	1 616,8	7,21	1 835,9	7,55	1 742,1	7,90	1 742,0	7,84
Juli	1 601,4	7,14	1 972,8	8,12	1 580,1	7,16	1 649,0	7,42
August	1 673,1	7,46	2 014,4	8,29	1 594,1	7,22	1 795,2	8,08
September	1 804,9	8,04	2 018,1	8,30	1 709,4	7,75	1 833,8	8,26
Oktober	2 270,0	10,12	2 078,5	8,55	1 910,3	8,66	2 251,8	10,14
November	2 289,3	10,20	2 453,2	10,09	2 089,7	9,51	2 179,7	9,81
Dezember	2 161,8	9,63	2 323,4	9,56	2 014,1	9,13	1 827,0	8,22
Jahresabsatz	22 436,2	100,00	24 306,8	100,00	22 062,8	100,00	22 216,5	100,00

Quelle: Mineralölwirtschaftsverband e.V.

Tafel 3. Monatlicher Inlandsabsatz von schwerem Heizöl 1975 - 1978

digen Stillstandzeiten werden in diese Versorgungsplanung, die sich aus Eigenverarbeitung und Importen zusammensetzt, einbezogen.

Der Rohöldurchsatz und die Fahrweise der Raffinerien in der Bundesrepublik Deutschland finden aggregiert ihren Niederschlag in dem von der AEV erstellten Verarbeitungsplan. Dabei handelt es sich nicht um einen Plan im eigentlichen Sinn, sondern um eine ex ante Betrachtung dessen, was unter gegebenen Annahmen im Zeitpunkt der Aufstellung vorgesehen ist. Rhythmus und Menge von Einsatz und Ausbeute sind dabei ersichtlich. Die Wirklichkeit, die sich aus der laufenden Anpassung der Fahrweise der einzelnen Raffinerien jeder einzelnen Gesellschaft an das tatsächliche Geschehen auf den diversen Produktenmärkten ergibt, sieht dann allerdings ex post oft anders aus.

In diese Planungen der einzelnen Gesellschaften finden auch Überlegungen zum rechtzeitigen Bestandsaufbau für einzelnen Produkte Eingang, der sich an dem später erwarteten Absatz orientiert. Bei einer Kuppelproduktion bringt das besondere Probleme mit sich. Das gilt insbesondere für uns in der Bundesrepublik Deutschland, wo der Absatz des HS u. a. durch gesetzgeberische Maßnahmen limitiert und somit die Fahrweise der Raffinerien stark beeinflußt wird. Generell erfolgt bereits ab Januar ein Bestandsaufbau für VK und mit Beginn des Sommers ein Bestandsaufbau an HEL.

Hier zeigt sich bereits deutlich, wie weit Produktion und Verbrauch nicht nur räumlich - ein großer Teil der Versorgung mit Produkten kommt neben den Raffinerien des Inlands aus solchen des europäischen Auslands und auch aus Übersee -, sondern auch zeitlich auseinander liegen. Das eingangs dargestellte <u>Lagersystem</u> zwischen Erzeugung und Konsumenten übernimmt nur die Aufgabe, künftige Bedarfsmengen zu antizipieren sowie Versorgungsprobleme auszugleichen und aufzufangen, die sich aus einer Reihe von Faktoren ergeben können. Diese sind beispielsweise

- die Unterschiede, die sich aus der Fahrweise der Raffinerien einerseits und der tatsächlichen Marktentwicklung andererseits ergeben,

- der Ausgleich der technisch notwendigen Raffineriestillstände,

- der unterschiedliche jahreszeitliche Absatzrhythmus für die verschiedenen Produkte,

- unvorhergesehene Nachfrageschwankungen, wie sie sich z. B. durch extreme Wetterlagen oder nicht vorhersehbare konjunkturelle Entwicklungen ergeben können,

- Beschaffungsschwankungen in Abhängigkeit von Preisentwicklungen, wie sie z. B. bei Importen eintreten können,

- sicherheitspolitische Überlegungen für die Überprüfung von Versorgungsstörungen, sei es für erklärte Krisenfälle (Rohölreserve, Pflichtvorräte bei Raffinerien und EBV) oder für "normale" Versorgungsstörungen.

Um einen Begriff von dem Umfang der insgesamt vorhandenen <u>Lagermöglichkeiten</u> zu geben, sollen hier einige Zahlen genannt werden:

1. <u>Kavernen</u> (Ende 1978):	<u>30,0</u> Mio cbm
- davon Produkte (geschätzt)	5,0 Mio cbm
2. <u>Raffinerietankläger</u> einschl. <u>Rohölpipeline-Lager</u> (Ende 1976[+])	<u>31,2</u> Mio cbm
- davon Rohöl	11,2 Mio cbm
- Fertig- und Halbfertigprodukte	20,0 Mio cbm
3. <u>Tankläger</u> <u>außerhalb</u> der Raffinerien (Ende 1976[+])	<u>13,5</u> Mio cbm

[+] Neuere Erhebungen liegen nicht vor. Es ist nicht anzunehmen, daß sich diese Daten in der Zwischenzeit nennenswert erhöht haben.

4. Gesamte Lagerkapazität
(Summe 1. - 3.) 74,7 Mio cbm

5. Verbraucher-Läger (Schätzungen)

5.1 Produzierendes Gewerbe (Industrie)	5,0 Mio cbm
5.2 Private Haushalte	29,0 Mio cbm
5.3 Kleinverbraucher (Kleingewerbe etc.)	9,0 Mio cbm
5.4 Öffentliche Kraftwerke	2,0 Mio cbm

Am Ende des Weges von der Erzeugung zum Konsumenten wurden in der eingangs gegebenen Übersicht noch einmal Lagermöglichkeiten aufgezeigt und zwar die Heizöltanks bei den industriellen, vor allem aber bei den häuslichen Ververbrauchern und die Tanks in den Kraftfahrzeugen. Sie stellen einen letzten Puffer vor dem Verbrauch dar.

So kommt es auch, daß - im Gegensatz zu Strom und Gas - der Verbrauch an Mineralölprodukten unmittelbar gar nicht erfaßt wird. Bei dem, was statistisch als "Konsum" ausgewiesen wird, handelt es sich tatsächlich um die Ablieferungen an die Endverbraucher. Diese Ablieferungen sind unabhängig davon, wann der Verbraucher das Produkt einsetzt, um daraus Wärme oder Antriebskraft zu erzeugen. Zwischen der Ablieferung und der Verwendung, d. h. dem tatsächlichen Konsum können - je nach dem üblichen Lagervolumen beim Verbraucher - Stunden oder Tage, wie beim Treibstoff, Tage oder wenige Wochen, wie im allgemeinen bei den industriellen HS-Verbrauchern, oder sogar Monate, wie im häuslichen Verbrauch von HEL, liegen. Den Zeitpunkt des Verbrauchs hat der Verbraucher basierend auf seinem bereits erworbenen Vorrat selbst in der Hand. Dabei ist es für ihn völlig unerheblich, wann das zum Einsatz kommende Produkt erzeugt wurde.

Nun war von der Anpassung der Erzeugung an den Bedarf und von der vielschichtigen Ausgleichs- und Pufferfunktion der diversen Zwischenlagerungen die Rede. Dazwischen finden jeweils Transportvorgänge statt, die nocheiner Betrachtung bedürfen, zumal die einzelnen Transportmittel unterschiedliche Eignungen aufweisen. Sie stehen entsprechend diesen unterschiedlichen Eignungen für verschiedene Transportaufgaben miteinander in einem Wettbewerb, der wiederum Einfluß auf die Versorgungsfunktionen hat.

Üblicherweise werden folgende Transportleistungskriterien unterschieden:

Massenhaftigkeit: Sie charakterisiert die Eignung eines Transportmittels für den Transport großer Mengen und ist im wesentlichen abhängig von den technischen Kapazitäten pro Zeiteinheit, doch sind der Ausnutzung technischer Gegebenheiten auch ökonomische Grenzen gesetzt. Pipelines verfügen über eine große Massenhaftigkeit, sind daher für den Transport großer Mengen homogener Güter zwischen zwei Punkten besonders geeignet. Bei Binnenschiffen und bei der Eisenbahn, hier insbesondere bei Ganzzügen, ist die Massenhaftigkeit noch relativ groß, bei Straßentankwagen hingegen gering.

Anpassungsfähigkeit: Hier ist zu unterscheiden zwischen der Anpassung an veränderte Transportrelationen und der Reaktionsfähigkeit auf sich ändernde Transportmengen.

An sich ändernde Transportrelationen kann sich der Straßenverkehr mit seinen vielen und relativ kleinen Transportgefäßen und seinem großen Wegenetz am besten anpassen. Das gilt in gewissem Maße auch für Einzelkesselwagen der Eisenbahn. Sehr viel geringer ist sie bei Ganzzügen sowie bei Binnenschiffen, die an das Wasserstraßennetz gebunden sind. Am schlechtesten schneiden in dieser Hinsicht die Pipelines ab.

Auch an sich ändernde Transportmengen kann sich der Straßentransport sehr gut anpassen. Das gilt auch für die Eisenbahn, jedoch in geringerem Maße für die Binnenschiffahrt. Grenzen werden bei steigenden Transportmengen durch die Anzahl der verfügbar zu machenden speziellen Transportgefäße gesetzt. Auch die Aufnahmefähigkeit der Eisenbahnstrecken ist ein limitierender Faktor, stärker noch bei den Wasserstraßen, wo auch Schleusenkapazitäten, Wasserstände und ggf. Witterungseinflüsse eine Rolle spielen.

Netzbildungsfähigkeit: Darunter versteht man, ob ein Transportmittel in der Lage ist, eine weitgestreute Vielzahl von Orten zu erreichen. Die Netzbildungsfähigkeit reicht somit von einer mehr oder weniger intensiven Flächenbedienung über den Knotenpunktverkehr zum alleinigen Transport zwischen zwei oder einigen wenigen Punkten.

Auch hier hat der Straßenverkehr die mit Abstand größten, die Pipeline hingegen die geringsten Möglichkeiten. Bei der Eisenbahn ist die Netzbildungsfähigkeit noch relativ groß, wenn auch in der letzten Ausfächerung begrenzt, bei der Binnenschiffahrt hingegen durch das nur weitmaschige Wasserstraßennetz gering.

Schnelligkeit: Hier gilt für Pipelines die Ausnahmesituation, daß eine größere Transportgeschwindigkeit notwendigerweise nur mit einem erhöhten

Durchsatz, also einer größeren transportierten Menge zu erreichen ist, was oftmals aber nicht erwünscht ist. Diesen Zusammenhang gibt es bei keinem anderen Transportmittel. Deren Geschwindigkeit kann unabhängig von der Beförderungsmenge variiert werden. Nach oben gibt es dennoch vorgegebene Begrenzungen, z. B. durch die Kapazitäten der Verkehrswege, durch das Fahrplansystem der Eisenbahnen, durch Geschwindigkeitsbegrenzungen, durch zweitweilige oder auf bestimmte Strecken bezogene Fahrverbote etc. Relativ gut schneiden dabei der Straßenverkehr und die Eisenbahn ab, weniger gut die Binnenschiffahrt.

Zuverlässigkeit: Für die Zuverlässigkeit von Transporten oder deren Berechenbarkeit ist entscheidend, daß sie kontinuierlich, sicher und möglichst unabhängig von äußeren Störungen durchgeführt werden können. Das ist für Pipelines gegeben, weitgehend auch für die Eisenbahn. Die Binnenschiffahrt unterliegt gewissen Einschränkungen durch Wasserstand und zeitweilig auch durch Witterungseinflüsse. Auch der in der Regel zuverlässig durchzuführende Straßentransport kann zeitweilig durch Witterungseinflüsse, aber auch durch Verkehrsengpässe und Stauungen in seiner Zuverlässigkeit beeinträchtigt werden.

Setzt man diese Charakteristiken in ein Koordinatensystem und kennzeichnet die für einen spezifischen Transportvorgang gewünschten Anforderungen,dann ergibt sich, welches Transportmittel die jeweiligen Kriterien am besten erfüllt - allerdings unabhängig von der ökonomischen Seite, die noch hinzuzufügen wäre. In jedem Fall ist auf dem Transportsektor ein weites Spektrum zum Ausgleich zwischen Erzeugung und Verbrauch vorhanden.

Wenn man die Situation bei der Bewältigung der Bedarfsspitzen in der Mineralölwirtschaft zusammenfaßt, so läßt sich folgendes feststellen:

1. Produktion und Konsum von Mineralölprodukten stehen nicht in einem unmittelbaren Zusammenhang miteinander. Die Produktion läuft immer dem Verbrauch voraus.

2. Bedarfsschwankungen oder Bedarfsspitzen werden durch das zwischen Produktion und Konsum liegende Lagersystem und letztlich durch die Tankkapazität beim Verbraucher aufgefangen.

3. Auch die in Transportvorrichtungen eingefüllten Mengen, beispielsweise der Inhalt von Pipelines oder Kesselwagen, stehen zur Versorgung zur Verfügung. Die Eigenschaften der unterschiedlichen Transportmittel gewährleisten eine große Flexibilität in der Anpassung an Bedarfsspitzen.

4. Bei der Befriedigung von Bedarfsspitzen gibt es in der Mineralölindustrie keine Qualitätseinbußen. Das zwischengelagerte oder transportierte Produkt bleibt in seinen Qualitätsmerkmalen unverändert.

5. Durch das zwischen Produktion und Konsum eingeschaltete Lager- und Transportsystem besteht in gewissen Grenzen die Möglichkeit eines Preisausgleichs zwischen Angebot und Nachfrage.

BEEINFLUSSUNG DER SPITZENLASTEN IM ENERGIEVERSORGUNGSSYSTEM DER DDR

Prof.Dr. sc. oec. W.Riesner, Zittau, DDR

O. Einführung

Die Bedarfsentwicklung bei leitungsgebundenen Energieträgern, also Elektroenergie, Gas und Fernwärme, ist in der DDR - wie auch in den anderen Ländern des RGW - durch einen schnelleren Anstieg des Anteils der nichtindustriellen Bereiche gegenüber dem der Industrie gekennzeichnet. Betrug z.B. der Anteil der Industrie der DDR am Elektroenergieverbrauch 1960 noch 70,1 %, so ist er bis 1977 auf 63,9 % gesunken. Die entsprechenden Werte für alle Länder des RGW betragen 71 % für 1960 und 63 % für 1977 [1]. Diese Tendenz ist in allen industriell entwickelten Ländern festzustellen und wird sich weiter fortsetzen. Damit verringert sich der Anteil der Grundlast an der Gesamtbelastung, was entsprechenden Einfluß auf den Lastgang durch überproportional erhöhte Spitzenlasten ausübt und damit die Auslastung der sehr investitionsintensiven Erzeugungs- und Übertragungskapazitäten negativ beeinflußt.

1. Auswirkungen sich überproportional erhöhender Spitzenbelastungen auf die Energieversorgung

Prinzipiell ist die Lösung des Spitzenproblems seitens der Versorgung auf zwei Wegen möglich, die allgemein gekoppelt auftreten:

- verstärkte Speicherung der Energieträger in der Schwachlastzeit und Deckung des Spitzenbedarfs aus Speichern
- Auslegung der Erzeugungs- und Übertragungskapazitäten auf die zu erwartenden Jahres-Maximalbelastung des Systems.

Untersucht man den Weg über Speicher auf der Basis technischer und ökonomischer Kriterien, wie sie in T a f e l 1 für das spezifische Speichervolumen und die spezifischen Anlagenkosten dargestellt sind, so wird deutlich, daß insbesondere die Elektroenergie in Form der Pumpspeicherung extrem ungünstige Speicherbedingungen besitzt. Daneben ist diese Form der Speicherung noch mit einem Verlust von etwa 30 % behaftet. Andere, effektivere Speicherformen stehen bisher zur großtechnischen Nutzung nicht zur Verfügung. Deshalb erfolgt hier die Spitzenbedarfsdeckung überwiegend durch Spitzenkraftwerke. Das bedeutet aber:

- einen erhöhten Investitionsbedarf für Erzeugungs- und Transportkapazitäten bei sehr ungünstiger zeitlicher Auslastung (die tendenziell weiter sinkt, da die Spitzen steiler und kürzer werden)
- den Einsatz hochwertiger und zunehmend teurer werdenden fossiler Brennstoffe, vor allem Heizöl und Erdgas
- einen erhöhten Verschleiß der Anlagen durch Regelfahrweise und Aussetzbetrieb
- steigende Schwierigkeiten bei der technischen und ökonomisch effektiven Beherrschung der Laständerungsgeschwindigkeit.

Bei Gas und Fernwärme treten diese Probleme nicht so offensichtlich in Erscheinung, da neben den spezifisch billigeren Speichern (Tafel 1) auch das Rohrleitungsnetz als Speicher wirkt und die lastabhängigen technischen Parameter (Druck, Temperatur) größere Schwankungsbreiten zulassen als die der Elektroenergie. Deshalb werden die folgenden Betrachtungen zur Lastgangbeeinflussung in besonderem Maße auf die Elektroenergie bezogen.

Energieträger	Speicherart	relatives Speicher-volumen	relative Anlage-kosten
Heizöl	Tank	1	1
Stadtgas	Behälter	3200	870
Heißwasser	Behälter	48	450
Elektroenergie	Becken	11200 [1)]	4000

1) bezogen auf 300 m Speicherhöhe

Tafel 1. Technisch-ökonomische Vergleichswerte.

2. Beeinflussung des Lastganges durch den Anwender der Energie

Die vorstehend genannten Zusammenhänge zwingen zu Überlegungen, wie der Lastgang in seiner Entstehung so beeinflußt werden kann, daß die Spitzenzeiten entlastet und dafür die Elektroenergie in der Schwachlastzeit verstärkt bezogen wird. (Die elektrische Nachtspeicherheizung wird deshalb nicht als in diesem Sinn lastgangregelnd betrachtet, da sie zu keiner absoluten Absenkung der Spitzenlast bei gleichzeitig steigendem Bezug in der Schwachlastzeit führt).
Lastgangregelnde Maßnahmen scheinen aus heutiger Sicht im langzeitig wirkenden und den Lastgang merkbar beeinflussenden Umfang nur in Bereichen außerhalb des Bevölkerungsbedarfes - und hier wiederum vor allem in der Industrie - durchführbar. Das ist sowohl bedingt durch die Begrenztheit der Möglichkeiten der Beeinflussung des Abnehmers über den Plan und den Vertrag als auch die Wirksamkeit ökonomischer Hebel über die Tarifgestaltung (was entsprechende Meßmöglichkeiten und Nachweisführungen voraussetzt).
Im folgenden sollen vor allem für den industriellen Bereich zwei Möglichkeiten der Lastgangbeeinflussung näher betrachtet werden:
die Maschineneinsatzplanung und der Einsatz regelbarer Verbraucher.

2.1 Die Maschineneinsatzplanung zur Lastgangbeeinflussung

Untersucht man den Produktionsprozeß in seinem zeitlichen Ablauf, so ist er oftmals durch vielzählige Arten von Stillständen gekennzeichnet. Eine Gruppierung und Auswahl solcher Stillstände zeigt T a f e l 2 . Dabei sind sowohl die Länge als auch die zeitliche Verlagerungsmöglichkeit der jeweiligen Stillstandszeit verschieden. Vor allem eignen sich technisch sowie organisatorisch bedingte Stillstände zu zeitlichen Verlagerungen, da sie die geringsten Beziehungen zum technologischen Fertigungsablauf haben. Bei vorhandener Speichermöglichkeit der Zwischenprodukte sind auch durch Kapazitätsunterschiede oder Produktionsfolgen bedingte Stillstände für die Maschineneinsatzplanung nutzbar. Auf der Basis diesbezüglicher Untersuchungen einzelner Stillstandszeiten hinsichtlich ihrer Verlagerungsmöglichkeit in die Spitzenbelastungszeiten läßt sich der energetisch optimale Maschineneinsatzplan bestimmen.

Technisch bedingter Stillstand	Technologisch bedingter Stillstand	Organisatorisch bedingter Stillstand
Reparaturen (RP)	Einrichten und Umrüsten (EU)	Arbeitszeit-regelungen (AR)
Reinigung und Wartung (RW)	Prüfen / Messen (PM)	Pausenregelungen (PR)
Technische Kontrollen (TK)	Kapazitätsunter-schiede (KU)	Arbeitsunter-weisungen (AU)
⋮	⋮	⋮

Tafel 2. Stillstandsursachen für Produktionsaggregate (Beispiele)

Die zunehmende Verflechtung der einzelnen Anlagen und Prozesse in Produktionsketten erhöht den Kompliziertheitsgrad der Maschineneinsatzplanung, da bei zeitlicher Verlagerung von Stillstandszeiten entsprechende Verflechtungsbeziehungen zu berücksichtigen sind. Gleichermaßen erfordert jede Produktionsumstellung eine Neuerarbeitung des Maschineneinsatzplanes. Das führt oftmals zu einer gewissen Skepsis gegenüber dem damit verbundenen Aufwand.

Werden die erforderlichen Arbeitsgänge für die Erarbeitung eines Maschineneinsatzplanes näher untersucht, so beruhen sie auf einer umfangreichen Datenerfassung, wie Leistungsdaten von Maschinen, Stillstandszeiten u.a., sowie ihrer Verarbeitung mit der Zielfunktion der Verlagerung der Stillstandszeiten in die Spitzenbelastungszeit unter Beachtung zahlreicher Nebenbedingungen, wie zeitlichen Verlagerungsgrenzen, Beziehungen zwischen den Stillstandszeiten einzelner Maschinen u.a.

Damit bietet sich die Nutzung der EDV zur Maschineneinsatzplanung an. Deshalb wurde für die Maschineneinsatzplanung ein EDV-Programm erarbeitet. Seine Abarbeitung beruht auf nachstehenden Arbeitsschritten:

- Kennzeichnung der in den Maschineneinsatzplan aufzunehmenden Maschinen, Angabe ihrer installierten Leistung sowie des durchschnittlichen Auslastungsfaktors dieser Leistung
- Angabe gegenwärtiger verlagerbarer Stillstandszeiten der einbezogenen Anlagen in ihrer Länge sowie den Grenzbereichen ihrer zeitlichen Verlagerbarkeit in zu wählenden Zeiteinheiten (z.B. Viertelstunden)
- Angabe von technologisch und organisatorisch bedingten Kopplungen zwischen den Stillstandszeiten einzelner in den Maschineneinsatzplan aufgenommener Maschinen.

Masch.-Nr	6^{00} 7^{00} 8^{00} 9^{00} … 16^{00} 17^{00} 18^{00} 19^{00}
1	.....x x x RW x x x x PR x x x....x x x x x x x PR x x AU x x... ...
2	.....x x x x x PM x x PR x x x....x x x EU x x PR x x x x x x......
3	.....x x x x x RW x x PR x x x....x x x AU x x PR KU KU x x......
4	.....x x x TK x x PR x x x x x....x x x x x PR x x PM x x x x
5	x x RW PR x x x x x....x x x TK PR x x AU x x x x
6	x x x EU x x PR x x x x x....x x x x x PR x x x x RW x x
.	
.	
.	

(schwarzer Balken) Spitzenbelastungszeit

x x x Maschine in Betrieb

Tafel 3. Schema eines Maschineneinsatzplanes (Abkürzung für Stillstände gemäß Tafel 2)

Diese zu erfassenden Angaben werden EDV-gemäß aufbereitet, und mittels des entwickelten Rechenprogramms wird der energetisch optimale Maschineneinsatzplan unter Nutzung aller vorhandenen Freiheitsgrade der zeitlichen Verlagerbarkeit von Stillstandszeiten in die Spitzenbelastungszeit ausgedruckt (T a f e l 3).

Damit ist es möglich, mit im Prinzip nur organisatorischem Aufwand erhebliche Aufwandssenkungen für Spitzenkraftwerke beim Energieversorger zu erreichen und - wie noch zu sehen sein wird - über die Reduzierung der Energiebezugskosten Selbstkostensenkungen im eigenen Betrieb zu erzielen.

2.2 Lastgangbeeinflussung durch regelbare Verbraucher

Da die Maschineneinsatzplanung auf der Verlagerung von Stillstandszeiten in die Spitzenbelastungszeit beruht, können durch sie nur Anlagen erfaßt werden, die durch technologisch oder organisatorisch bedingte zeitweilige Produktionsunterbrechungen gekennzeichnet sind. Nicht einbeziehbar sind damit Anlagen mit kontinuierlicher Produktion. Das ist unter den Bedingungen der DDR und sicherlich auch in vielen anderen Ländern - deshalb ungünstig, weil hohe elektrische Leistungen gerade für kontinuierlich arbeitende Prozesse benötigt werden. Deshalb sind Lösungen zu suchen, die eine Nutzung auch kontinuierlicher elektroenergetischer Prozesse zur Lastgangbeeinflussung zulassen. Diese können nur dadurch gefunden werden, daß Produktionsverlagerungen aus Spitzen- in die Schwachlastzeit erfolgen.

Daraus ergibt sich der in Bild 1 dargestellte geänderte Lastgang im Regelbetrieb gegenüber der (idealisiert als mit konstanter Belastung angenommenen) ungeregelten Fahrweise.

Der besondere ökonomische Vorteil des Einsatzes regelbarer Verbraucher gegenüber der Spitzenlastdeckung ist somit die wesentlich längere Einsatzzeit der Zusatzkapazität im Verhältnis zu einem Spitzenkraftwerk (Spitzenzeit Sp), wodurch sich die mögliche Absenkleistung P_A entsprechend größer als die Zusatzkapazität P_{zus} erweist.

Aus der geänderten Einsatzweise geht hervor, daß eine als regelbarer Verbraucher zu betreibende Produktionsanlage vor allem die folgenden technologischen Bedingungen erfüllen muß:

- zeitliche Unterbrechbarkeit des Produktionsprozesses
- Speichermöglichkeit der Vor- und Folgeprodukte
- Mehrschichtbetrieb zur Nutzung der Schwachlastzeit
- hoher Automatisierungsgrad.

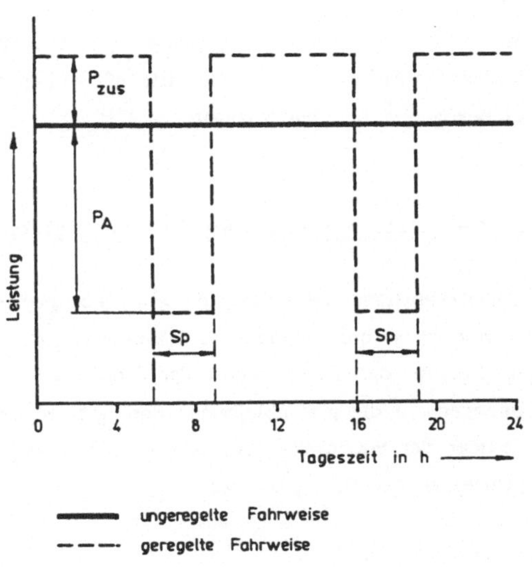

Bild 1. Lastgang eines Abnehmers im ungeregelten und geregelten Betriebsregime

Unter Berücksichtigung dieser Bedingungen eignen sich technologisch als regelbare Verbraucher insbesondere Elektrowärme- und ausgewählte Kraftprozesse, z.B. Elektroöfen für Karbid, Stahl, Ferrolegierungen, Phosphor, aber auch Zementmühlen, Holzschleifer, Pumpen u.a.m. Ökonomische Untersuchungen ergaben, daß für eine Vielzahl von Prozessen der gesellschaftliche Aufwand beim Anwender für die Regelfahrweise wesentlich niedriger als der für die Spitzenlastdeckung ist. Regelbare Verbraucher sind deshalb oftmals die volkswirtschaftlich zweckmäßigere Lösung des Spitzenproblems und werden in der DDR zunehmend stärker genutzt.

2.3 Lastgangbeeinflussung bei außerplanmäßigen Situationen

Neben den erwarteten Spitzenlasten kann es durch außergewöhnliche Umstände (z.B. extreme Klimaentwicklungen, Havarien an Versorgungsanlagen) zu kurzfristigen und allgemein kurzzeitigen Defiziten zwischen dem Leistungsaufkommen und dem Bedarf kommen. Sie versorgungsmäßig zu beherrschen erfordert eine sofort verfügbare Kapazitätsreserve, die einen hohen Aufwand bindet und extrem geringe Auslastung aufweist.

Unter dem Aspekt einer volkswirtschaftlich optimalen Beherrschung auch solcher Situationen wird über die Havariehilfe im Rahmen des internationalen Verbundbetriebes hinaus in der DDR ein Stufensystem wirksam, welches bei dem Aufruf einer bestimmten Versorgungsstufe alle in das System einbezogenen Abnehmer gesetzlich verpflichtet, den geplanten Leistungsbezug um einen bestimmten Betrag abzusenken. Neben schneller wirkenden Informationsmitteln wird der Stufenaufruf über den Rundfunk bekanntgegeben. Jeder einbezogene Abnehmer ist zum täglichen Abhören der Versorgungsstufe verpflichtet.

Mit dieser Lösung ist es möglich, auch solche Situationen mit einem aus volkswirtschaftlicher Sicht minimalen Aufwand für die Gesellschaft zu beherrschen. Sie setzt allerdings eine hohe Disziplin aller einbezogenen Abnehmer voraus.

3. Ökonomische Stimulierung der Lastgangbeeinflussung

Von wesentlicher Bedeutung für ein "erzeugerfreundliches" Verhalten im Leistungsbezug durch den Anwender ist die ökonomische Stimulierung diesbezüglicher Maßnahmen. In der DDR wurde deshalb im Rahmen der Tarifregelung der ökonomische Anreiz zur Lastgangbeeinflussung ständig verstärkt. Bezogen auf die gleichbleibende Bedingungen des Elektroenergiebezuges (jährlich 4000 Benutzungsstunden der Maximalleistung und einen Leistungsfaktor $\cos\varphi = 1$) betrug der Anteil des Leistungspreises an den Bezugskosten:

1969 : 90 %
1970 : 217 %
1975 : 230 %
ab 1976 : 280 %

Gleichzeitig wurde die Zeit für den maximalen Leistungsbezug, der leistungspreispflichtig ist, auf die Spitzenbelastungsstunden begrenzt (früher war es die Zeit von 6.00 bis 22.00 Uhr), die in einem Spitzenzeitenkalender vorgegeben sind. Leistungsbezüge außerhalb dieser definierten Spitzenzeiten bleiben leistungspreisfrei. Das stimuliert im besonderen Maße lastgangregelnde Maßnahmen. Weitere tarifliche Regelungen besagen, daß mit dem Energieversorgungsbetrieb auch Teile der Spitzenzeit für planmäßige Entlastungen vereinbart werden können, wofür zeitanteilig der zu entrichtende Leistungspreis reduziert wird.

Wie stark sich eine Erhöhung der Benutzungsstundenzahl des Maximalleistungsbezuges in der Spitzenzeit durch Lastgangverlagerung auf die spezifischen Bezugskosten der Elektroenergie auswirkt, zeigt Bild 2. Das stimuliert insbesondere Betriebe mit geringen Benutzungsstunden zu diesbezüglichen Überlegungen.

Auch für den Fernwärmebezug gilt für die Industrie ein Arbeits-Leistungspreistarif (Bild 3), wobei die Leistung auf der Basis eines errechneten (Raumheizung) oder einregulierten Maximalleistungsbezuges ermittelt wird. Diese Tarifregelung stimuliert die Wärmedämmung und gleichzeitig auch die Wärmespeicherung im Betrieb zur Vermeidung von Spitzenbezügen. Das wiederum wirkt sich positiv auf die vorgelagerte Wärme-Kraft-Kopplung in den Heizkraftwerken aus.

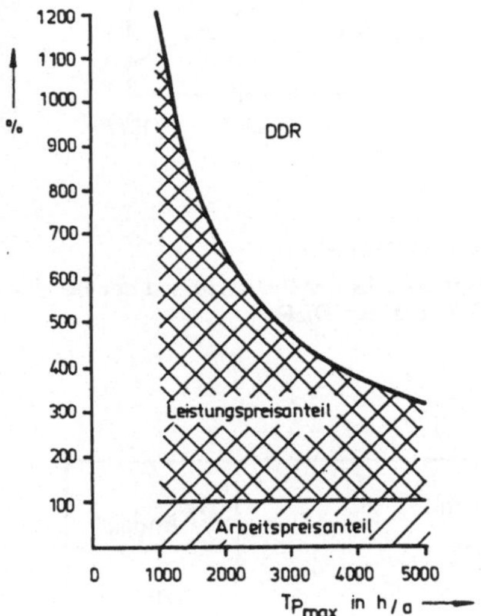

Bild 2. Abhängigkeit des Leistungspreisanteils an den Elektroenergiebezugskosten von der Benutzungsstundenzahl der Jahres-Maximalleistung $T_{P\ max}$

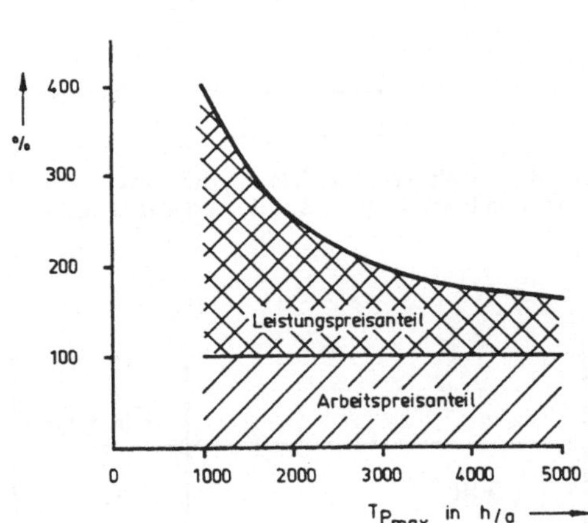

Bild 3. Abhängigkeit des Leistungspreisanteils an den Fernwärmebezugskosten von der Benutzungsstundenzahl der Jahres-Maximalleistung $T_{P\ max}$

4. Schlußfolgerungen

Durch entsprechende Regelungen über den Plan, den Vertrag und ökonomische Hebel ist es in der DDR - wie auch in den anderen sozialistischen Staaten - gelungen, trotz sinkendem Anteil des Elektroenergiebezuges durch die Industrie die Benutzungsstundenzahl der installierten Kraftwerksleistung absolut zu erhöhen oder mindestens konstant zu halten, wie Bild 4 zeigt nach [1]. Gleichzeitig wird ersichtlich, daß die geänderten Tarifreglungen ab 1975 in der DDR trotz eines relativ stärker absinkenden Industrieanteils am Elektroenergiebezug ein erneutes Ansteigen der Benut-

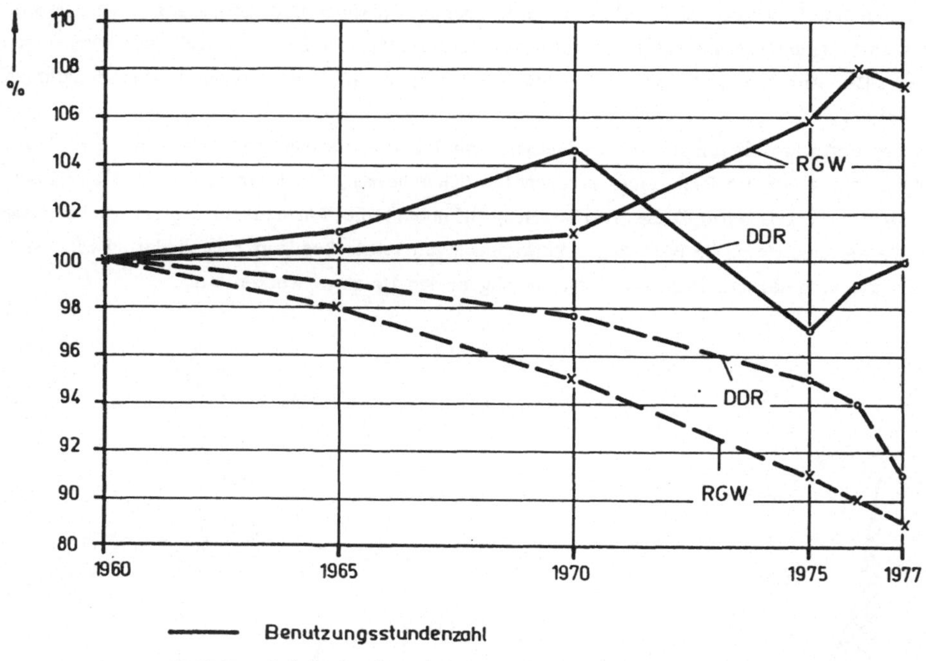

Bild 4. Relative Entwicklung des Anteils des Elektroenergieverbrauchs der Industrie und der Benutzungsstundenzahl der installierten Kraftwerksleistung des RGW und der DDR

Land	T_P installiert	Land	T_P Engpaß
DDR	4 992	BRD	4 059
Bulgarien	3 574	Belgien	3 908
Ungarn	4 769	Dänemarck	2 971
Kuba	3 925	Frankreich	3 854
Mongolei	3 188	Großbritannien	3 419
Polen	4 845	Irland	3 624
Rumänien	4 639	Italien	3 668
UdSSR	4 776	Luxemburg	1 229
ČSSR	4 346	Niederlande	3 507
RGW gesamt	4 732	EWG gesamt	3 708

Tafel 4. Benutzungsstundenzahl der installierten (RGW) und der Engpaßleistung (EWG) im Jahr 1975

zungsstundenzahl zur Folge hatte. Dabei kann eingeschätzt werden, daß die diesbezüglichen Möglichkeiten auch jetzt noch nicht erschöpft sind, obzwar die DDR eine - auch im internationalen Vergleich gesehen - sehr hohe Benutzungsstundenzahl der installierten Kraftwerksleistung hat, was - wie Tafel 4 zeigt [1], [2] - tendenziell für alle RGW-Staaten gilt.

Literatur:

[1] Statistisches Jahrbuch der Länder des RGW 1978
Moskau, Verlag Statistika 1978

[2] Statistik der Energiewirtschaft 1975/76
Herausgeber: Vereinigung Industrielle Kraftwerke (VIK)
VDI-Verlag GmbH Düsseldorf

MESSVERFAHREN ZUR BELASTUNGSUNTERSUCHUNG IM HAUSHALT

von Dipl.-Ing. M. Lange-Hüsken, Essen

1. Vorbemerkungen zu Meßverfahren für den Haushalt

Die Untersuchung der Netzbelastung durch Haushaltkunden ist eine traditionelle Aufgabe der Elektrizitätsversorgungsunternehmen, die sie in der Vergangenheit stetig, aber von der Öffentlichkeit eher unbemerkt, durchführten. Dabei stand im Vordergrund, festzustellen, wie sich die markanten Meilensteine der Anwendung des elektrischen Stromes im Haushalt, nämlich das elektrische Kochen, die elektrische Heißwasserbereitung und die elektrische Raumheizung - in Form der Speicherheizung - in der Leistungsinanspruchnahme und im Stromverbrauch vieler Haushalte und auch im Zusammenspiel mit der Versorgung anderer Kundengruppen auswirkten.

Vorrangig ging es bei den bisher durchgeführten Untersuchungen um die zutreffende Dimensionierung und die bessere Ausnutzung der Versorgungsanlagen. Unter diesen Gesichtspunkten war es zweckmäßig, die Untersuchungen zur Belastungscharakteristik nicht auf den Einzelhaushalt, sondern auf die gleichzeitig meßbare Gesamtnachfrage einer größeren Zahl von Haushaltkunden abzustellen. Bei den Messungen konnte man sich deshalb auf die Untersuchung ganzer Niederspannungsstationen oder allenfalls einzelner Stromkreise, soweit sie überwiegend Haushaltkunden versorgten, beschränken.

Die angewandten Meßverfahren - in der Regel auf der Basis schreibender oder druckender elektromechanischer Meßgeräte - brauchten noch nicht die Verknüpfung zur elektronischen Datenverarbeitung, denn wegen der relativ kleinen Zahl von Meßstellen war eine manuelle Auswertung der Meßergebnisse auch unter wirtschaftlichen Aspekten sinnvoll.

In der letzten Zeit sind von energiepolitischer Seite zur Versorgung der Haushalte neue Fragestellungen geäußert worden. Diese Fragestellungen betreffen nicht nur die durchmischte Leistungsinanspruchnahme und den Stromverbrauch einer Gruppe von Haushalten, sondern sogar den charakteristischen Strom- und Leistungsbedarf des einzelnen Elektrogerätes. Dahinter steht die Vorstellung, daß durch versorgungsseitige Einflußnahme auf die Einschaltzeiten bestimmter Geräte eine Einsparung an Kraftwerksleistung erzielbar sein könnte.

Für eine Beantwortung dieser neuen Fragen ist es erforderlich, daß man sich neuen Meßverfahren zuwendet, da mit den bisher angewendeten Verfahren die Beantwortung teils überhapt nicht, teils nur mit einem unzumutbaren Aufwand bei der Erfassung und Auswertung der Meßdaten möglich wäre.

2. Meßdatenerfassung mit Magnetbandrecordern im Haushaltkundenbereich

In der RWE-Anwendungstechnik wurde ein automatisiertes System zur Erfassung von Meßdaten entwickelt, das sich des Erfassungsgerätes "Magnetbandrecorder" bedient. Dabei standen Überlegungen aus anwendungstechnischer Sicht im Vordergrund, d.h. man wollte nicht nur Meßdaten erfassen, die sich auf die Gesamtcharakteristik des einzelnen Haushaltes beziehen, sondern nach Möglichkeit auch Meßdaten, die einen Aufschluß der Charakteristik der Stomanwendungen, wie z. B. des Kochens, der Wäschepflege, der Heißwasserbereitung und des Spülens ermöglichen.

In Bild 1 ist zunächst aufgezeigt, wie die Erfassung der mit Magnetbandrecordern in Haushaltkundenanlagen gemessenen Daten erfolgt. Ausgangspunkt ist der einzelne Haushalt mit einer bestimmten Anzahl von Geräte- sowie Licht- und Steckdosenstromkreisen.

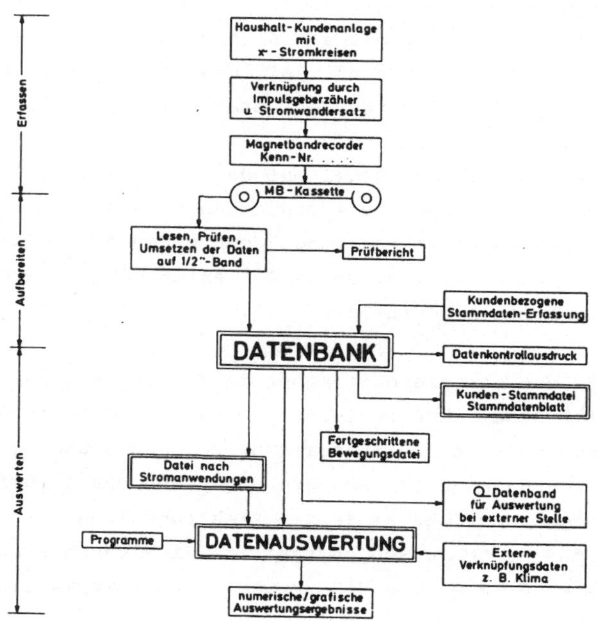

Bild 1. Meßverfahren mit Magnetbandrecorder für den Haushalt-Kundenbereich - Erfassen, Aufbereiten und Auswerten der Meßdaten

Zur Erfassung der Daten wird ein Meßsatz, wie er in Bild 2 gezeigt ist, verwendet. Der Meßsatz besteht aus Impulsgeberzähler, Stromwandlersatz, Verbindungsleitung mit Steckeranschlüssen und Magnetbandrecorder mit Digitalkassette. Zur Verknüpfung der Kundenanlage mit dem Recorder wird in der Kundenanlage der normale Drehstromzähler gegen einen Impulsgeberzähler getauscht und in der Zähler- oder Unterverteilung wird der Stromwandlersatz, der aus maximal 12 kleinen Durchsteckwandlern besteht, eingebaut. Die Durchsteckwandler werden an den Sicherungs- bzw. Leitungsschutzschalterklemmen in die Gerätestromkreise eingeschleift und rufen, abhängig vom Stromfluß in den Geräten, an der sekundärseitigen Bürde der Wandler kleine Ausgangsspannungen hervor. Über die Verbindungsleitung werden alle Stromwandlerausgänge und der Impulsgeberzähler mit den Eingängen des Recorders verbunden.

BILD 2: MAGNETBANDRECORDER - TYP C
EINBAUSATZ FÜR EINE HAUSHALTKUNDENANLAGE

Bild 2. Magnetbandrecorder - Typ C Einbausatz für eine Haushaltkundenanlage

3. Kurzbeschreibung der Funktion des Magnetbandrecorders mit Lasteingängen

Der Magnetbandrecorder besitzt einen Impulszähleingang sowie 12 unabhängige sogenannte "Lasteingänge". Seine Meßperiode ist mit 2 Minuten fixiert. Der Impulszähleingang wird zur Messung der mittleren 2-Minuten-Summenleistung des Haushalts benutzt und vom Impulsgeberzähler angesteuert. Der Impulszählwert wird jeweils am Ende der Meßperiode auf dem Magnetband der Kassette registriert. Nur jeweils bei diesem Registriervorgang wird das Magnetband der Digitalkassette von einem Schrittmotorantrieb wenige mm weitertransportiert.

Die 12 Lasteingänge des Recorders arbeiten wie elektronische Schalter. Ihre Funktion ist so ausgelegt, daß sie bei einem bestimmten Stromfluß im überwachten Haushaltgerätestromkreis, der eine vor Beginn der Messung eingestellte Ansprechschwelle übersteigt, leitend werden. Am Ende jeder 2-Minuten-Periode werden alle Lasteingänge auf ihren Zustand, entweder "leitend" oder "nicht leitend", abgefragt. Die abgefragten Zustände werden in codierter Form auf dem Magnetband zusätzlich zum Impulszählwert der mittleren Summenleistung registriert.

Aus den Lasteingangszuständen im Augenblick der Registrierung wird abgeleitet, ob bestimmte überwachte Haushaltgeräte entweder momentan in Betrieb sind (Funktion ohne Speicher) oder irgendwann während der vorangegangenen 2-Minuten-Meßperiode - und sei es auch nur kurzzeitig - in Betrieb waren (Funktion mit Speicher).

Im praktischen Recordereinsatz hat sich gezeigt, daß es unproblematisch ist, die Betriebszeiten von Heißwasserspeichern und Boilern sowie von Heizleistungen der elektromotorischen Geräte, wie Waschmaschine, Geschirrspüler, Wäschetrockner und des Backofens zu überwachen, da es sich fast immer um konstante Leistungen handelt. Auch der Durchlauferhitzer kann sehr genau überwacht werden, wenn man, wegen der oft kurzen Betriebszeiten, einen Lasteingang mit Speicherfunktion benutzt.

Etwas problematisch ist die Überwachung der Kochplatten, da diese in unterschiedlicher Anzahl und Leistung benutzt werden. Dennoch ist es, wie die Erfahrungen zeigen, möglich, den Stromverbrauch auch für das Kochen dann mit guter Genauigkeit zu bestimmen, wenn der Kochplattenbetrieb nicht mit dem Betrieb anderer variabler Leistungen nennenswerter Größe zeitlich zusammenfällt. Letzteres tritt in durchschnittlich ausgestatteten Haushaltkundenanlagen selten auf und fällt daher nicht stark ins Gewicht.

Aus der Funktion der Lasteingänge erklärt sich, weshalb bei diesem Meßverfahren nicht mit der üblichen Meßperiode von 15 Minuten gearbeitet wird. Die kürzere Meßperiode von 2 Minuten gestattet eine bessere Nachbildung des Lastverlaufs und Berechnung des Stromverbrauchs der verschiedenen Stromanwendungen im Haushalt. Es sei erwähnt, daß dennoch die Kapazität einer Magnetbandkassette für gut 5 Wochen Meßdauer ausreicht.

Wie B i l d 1 weiter zeigt, werden die erfaßten Meßdaten, bevor sie in eine Datenbank einfließen, geprüft und aufbereitet. Das Ergebnis der Datenprüfung wird in einem Prüfbericht zum Ausdruck gebracht. Die Aufbereitung umfaßt im wesentlichen die Überspielung der fehlerfreien Meßdaten auf ein 1/2"-Magnetband, das auf der Großrechenanlage weiterverarbeitet wird.

Ausgehend von der Datenbank wird eine Datei nach Stromanwendungen, z. B. für Kochen, Waschen, Spülen usw., erstellt und ein Stammdatenblatt für jeden einzelnen Haushalt ausgegeben. Bei der Datenauswertung greift die Rechenanlage entweder unmittelbar auf die Datenbank (Summendaten) oder auf die Datei nach Stromanwendungen zurück.

4. Aufteilung der gemessenen Summenleistung nach Stromanwendungen anhand von Lasteingangsinformationen

Zur Aufteilung der in 2-Minuten-Schritten gemessenen Summenleistung und -arbeit des Haushalts nach Stromanwendungen wurde ein besonderes EDV-Programm erstellt. Dieses Programm greift einerseits auf die Information der Lasteingänge auf Magnetband, andererseits auf das Stammdatenblatt mit den gerätespezifischen Daten des gemessenen Haushalts zurück. Anhand der Informationen und Daten wird von der Rechenanlage allen mittels Lasteingängen überwachten Geräten in 2-Minuten-Schritten ihr Leistungs- und Arbeitsanteil zugeordnet. Dabei werden bestimmte Prioritäten gesetzt und beachtet. Da die ausführliche Beschreibung des Programmaufbaus zu zeitaufwendig ist, wird hier darauf verzichtet.

Das Ergebnis der Aufteilung von Summenleistung und -arbeit nach Stromanwendungen wird bereits bei der Überprüfung, ob die Meßeinrichtung einwandfrei arbeitet, verwendet und zwar im sogenannten "Datenkontrollausdruck".

B i l d 3 zeigt den Ausschnitt eines Datenkontrollausdrucks der 2-Minuten-Meßwerte, der sowohl die Information der Lasteingänge, als auch das Ergebnis der Arbeits- und Leistungszuordnung durch das besondere EDV-Programm verdeutlicht. Man kann erkennen, zu welchen Zeiten welche Haushaltgeräte in Betrieb waren und in welchem Umfang Anteile der Summenleistung und -arbeit den in Betrieb befindlichen Geräten sowie der Basis (Licht- und Steckdosenstromkreise) zugeteilt wurden.

5. Beispiele zur Datenauswertung

Wegen der Empfindlichkeit und EDV-Verknüpfung des Meßverfahrens sind der Datenauswertung kaum Grenzen gesetzt, es sei denn aus wirtschaftlichen Erwägungen. In der RWE-Anwendungstechnik wurden verschiedene Basisauswertungsprogramme entwickelt,

- die auf einzelne wie auch auf überlagerte Recorder-Meßdatenbestände mehrerer Kunden anzuwenden sind und

- die entweder auf Summenmeßdaten oder auf Daten einer bestimmten Stromanwendung im Haushalt zurückgreifen.

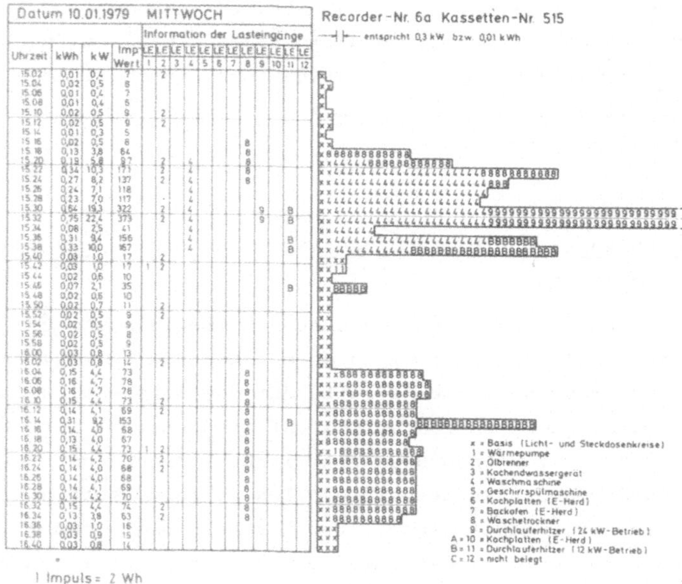

Bild 3. Auszug eines Datenkontrollausdrucks für Magnetbandrecorder in Haushalt-Kundenanlage

Recorder-Nr. 7 Typ C

Angestellter, 3 Personen, Doppelverdiener, 5 Wohnräume; Durchlauferhitzer, Elektroherd, Waschmaschine, Geschirrspüler, Gefriergerät, Kühlschrank;

Zeitraum vom 20.09.76 bis 22.05.77; ausgewertete Wochentage: Mo, Di, Mi, Do, Fr, Sa, So; Meßperiode: 15 Minuten;

Datum	Summe der elektrischen Arbeit von 00.00 bis 24.00 Uhr: kWh	Maximum der elektrischen Leistung von 00.00 bis 24.00 Uhr: Tag	Uhrzeit *)	kW
20.09.76/26.09.76	69,6	Sa	21.15	9,3
27.09.76/03.10.76	82,0	Do	21.45	7,0
04.10.76/10.10.76	71,3	Di	10.45	4,9
11.10.76/17.10.76	59,8	Fr	22.45	11,8
18.10.76/24.10.76	48,7	Sa	19.00	12,8
25.10.76/31.10.76	69,9	Do	22.45	5,1
01.11.76/07.11.76	73,5	Mo	20.00	6,4
08.11.76/14.11.76	78,6	So	20.00	7,6
15.11.76/21.11.76	74,5	Mo	23.15	4,5
22.11.76/28.11.76	78,1	So	18.45	9,0
29.11.76/05.12.76	80,0	So	13.45	11,5
06.12.76/12.12.76	80,2	Fr	16.30	4,3
13.12.76/19.12.76	71,0	Mo	22.30	10,0
20.12.76/26.12.76	79,2	Fr	10.15	11,6
27.12.76/02.01.77	78,4	Fr	15.00	7,3
03.01.77/09.01.77	76,2	So	18.30	7,6
10.01.77/16.01.77	82,0	Mo	23.00	12,9
17.01.77/23.01.77	71,4	Do	13.15	6,0
24.01.77/30.01.77	85,1	So	19.15	10,3
31.01.77/02.02.77	76,8	So	18.15	10,1
07.02.77/13.02.77	70,9	Sa	17.15	14,4
14.02.77/20.02.77	75,0	So	10.45	5,3
21.02.77/27.02.77	72,2	So	19.15	11,4
28.02.77/06.03.77	64,8	So	10.15	6,5
07.03.77/13.03.77	75,0	Mo	13.15	6,2
14.03.77/20.03.77	74,2	Mi	13.30	8,3
21.03.77/27.03.77	67,8	So	10.30	13,7
28.03.77/03.04.77	70,5	So	14.00	6,5
04.04.77/10.04.77	78,4	Do	15.00	5,5
11.04.77/17.04.77	84,4	Mo	10.15	13,8
18.04.77/24.04.77	52,1	Do	20.30	5,6
25.04.77/01.05.77	60,7	Mi	09.30	13,4
02.05.77/08.05.77	65,7	So	19.00	7,5
09.05.77/15.05.77	63,2	Sa	21.15	8,4
16.05.77/22.05.77	51,9	Mo	07.45	4,2

Arbeit: ⊣⊢ entspricht 3,0 kWh; Leistung: ⊣⊢ entspricht 0,3 kW

24.01.77/30.01.77	85,1 kWh Max. der elektrischen Arbeit	Höchstwert des Leistungsmax.: 14,4 kW, 12.02.77 Sa 17.15 Uhr
18.10.76/24.10.76	48,7 kWh Min. der elektrischen Arbeit	Kleinstwert des Leistungsmax.: 4,2 kW, 16.05.77 Mo 07.45 Uhr
	71,2 kWh durchschnittliche elektrische Arbeit	Durchschnitt des Leistungsmax.: 8,4 kW
Gesamtarbeit: 2493,2 kWh		*) Endzeitpunkt der Meßperiode

Bild 4. Wöchentl. Stromverbrauch und wöchentl. Leistungsmaximum eines Haushaltkunden über einen Meßzeitraum von 8 Monaten

Stellvertretend für die Vielfältigkeit der Datenauswertung sollen die in den folgenden Bildern gezeigten Auswertungsbeispiele stehen:

- B i l d 4 greift auf die Auswertung von Summenmeßdaten zurück und gibt einen numerischen und grafischen Überblick zum wöchentlichen Stromverbrauch und 1/4 h-Leistungsmaximum eines einzelnen vollelektrischen Haushalts für einen Meßzeitraum von 8 Monaten.
  Markant treten die Gleichmäßigkeit der Benutzungsgewohnheiten - ersichtlich an der meist geringen Änderung des Stromverbrauchs von Woche zu Woche - und die für Haushalte mit Durchlauferhitzer typisch starke Schwankung des 1/4 h-Leistungsmaximums zum Vorschein. Durch sukzessive Überlagerung von Haushalten kann mit dieser Art der Auswertung z. B. der Belastungsausgleich oder die saisonale sowie Wochentagabhängigkeit des Stromverbrauchs sehr anschaulich gezeigt werden.

- B i l d 5 zeigt eine Übersicht zum Stromverbrauch und Leistungsbedarf von Waschmaschinen in Abhängigkeit vom Wochentag. Bei der Auswertung handelt es sich um 23 durch Lasteingänge überwachte Waschmaschinen, die weit gestreut in Haushalten eines überregionalen Versorgungsgebietes installiert sind. Die Meßdaten der einzelnen Geräte wurden aus der Datei nach Stromanwendungen entnommen.

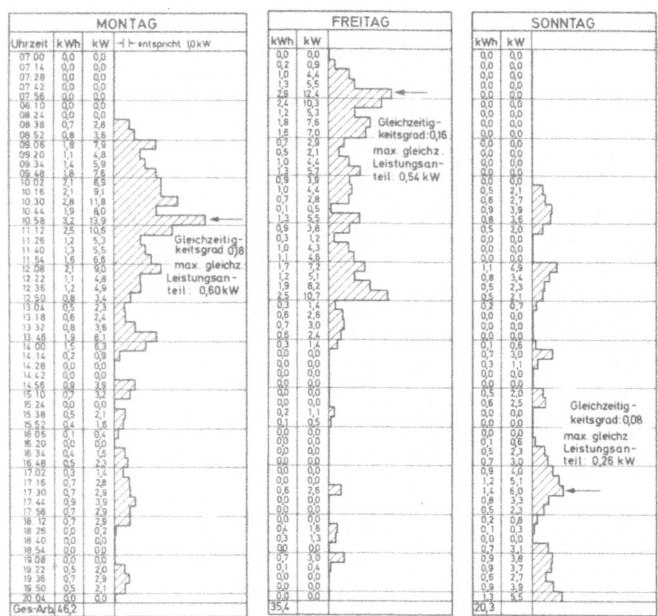

Bild 5. Stromverbrauch und Leistungsinanspruchnahme von 23 Haushaltwaschmaschinen in einem überregionalen Versorgungsgebiet (Messung mit MB-Recorder im Januar 1978) Meßperiode: 14 Min., installierte Waschmaschinenleistung 75,9 kW

Man erkennt, daß der Montag heute zwar noch eine gewisse Vorrangstellung für das Waschen einnimmt, in der Höhe der gleichzeitigen Leistungsinanspruchnahme unterscheidet er sich aber heute schon kaum von anderen Wochentagen. Selbst an Sonntagen wird gewaschen, allerdings weniger in den Vormittagstunden. Der Gleichzeitigkeitsgrad der 23 Waschgeräte beträgt maximal 18 % am Montag. Obwohl es sich hier um eine beispielhafte Auswertung noch ohne Nachweis der Repräsentanz handelt, sei angemerkt, daß sich im RWE-Versorgungsgebiet die Waschmaschinenbelastung inzwischen ziemlich gleichmäßig über die Woche verteilt.

- B i l d 6 wendet sich dem Stromanwendungsgebiet "Kochen/Backen" zu. Dargestellt sind für verschiedene Wochentage der Stromverbrauch und Leistungsbedarf von 27 Elektrohaushaltherden. Alle Elektroherde werden von je 3 Lasteingängen (1 Lasteingang je Phase) überwacht. Wie zu erwarten, wird unabhängig vom Wochentag vorwiegend um die Mittagszeit (11.00 - 13.00 Uhr) gekocht, an Sonntagen etwas intensiver als an Werktagen. Auch der gleichzeitige Leistungsbedarf zeigt keine markante Wochentagabhängigkeit und beträgt maximal etwa 0,8 kW pro Haushalt. In den frühen Abendstunden (18.00 - 20.00 Uhr) zeigt sich ebenfalls eine verstärkte Benutzung der Elektroherde.

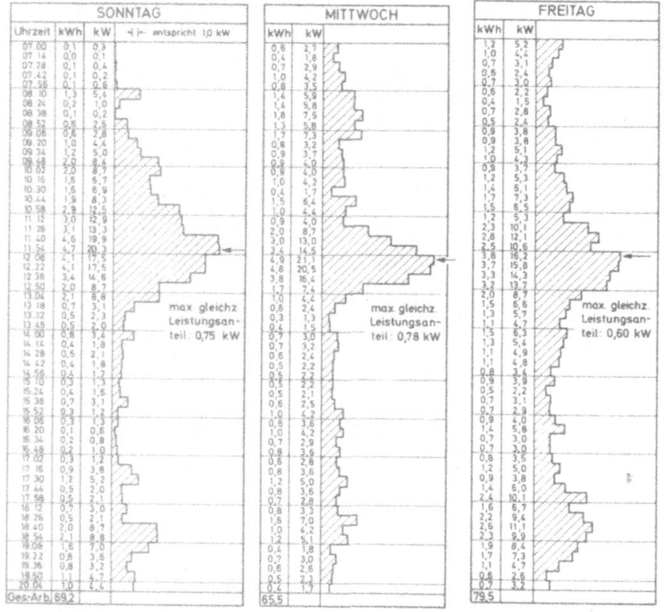

Bild 6. Stromverbrauch und Leistungsinanspruchnahme von 27 Elektrohaushaltherden in einem überregionalen Versorgungsgebiet (Messung mit MB-Recorder im Januar 1978) Meßperiode: 14 Min., installierte Herdleistung 229 kW

- B i l d 7 schließlich führt zu dem noch neuen Stromanwendungsgebiet der bivalenten Wärmepumpenheizung. Aufgezeichnet sind für 3 Tage der Stromverbrauch und Leistungsgang von 25 Wärmepumpen, die jeweils von einem Lasteingang des Magnetbandrecorders überwacht werden und weit gestreut in einem überregionalen Versorgungsgebiet installiert sind.

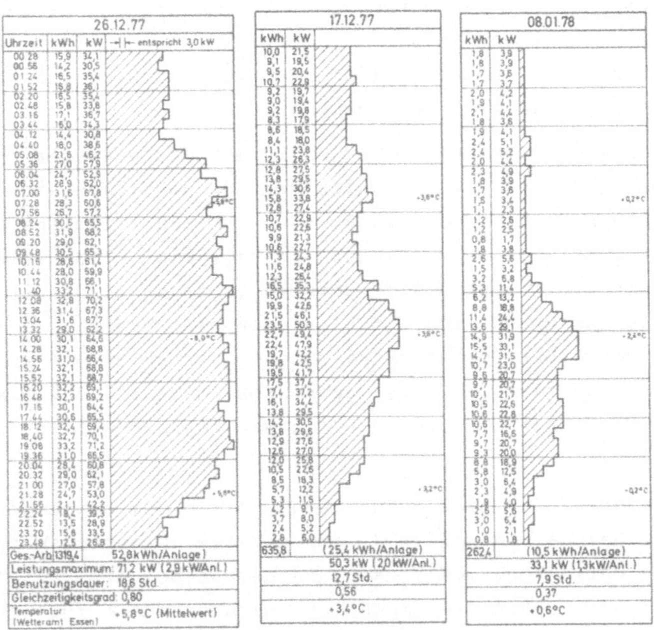

Bild 7. Stromverbrauch und Leistungsgang von 25 bivalenten Wärmepumpen-Heizungen in einem überregionalen Versorgungsgebiet (Meßperiode: 28 Min., installierte Leistung: 89,3 kVA)

Die dargestellten Tagesbelastungskurven beziehen sich auf Tage mit unterschiedlicher mittlerer Temperatur. Hierzu sei angemerkt, daß als Quelle für die angegebenen Momentanwerte der Temperatur zu bestimmten Tageszeiten und der Temperaturmittelwerte in diesem Beispiel vereinfacht das Wetteramt Essen genommen wurde. Deshalb brauchen die genannten Temperaturwerte nicht für alle 25 Wärmepumpen, sondern nur für die im Bereich "Essen" installierten repräsentativ zu sein.

Die Belastungskurve vom 26.12.1977 mit dem Temperaturmittelwert + 5,8°C für die Region "Essen" zeigt, daß aufgrund der an diesem Tage vorliegenden Klimabedingungen mit Temperaturen durchweg über + 3°C - das ist die Umschalttemperatur auf das alternative Heizsystem - nahezu alle Wärmepumpen mit relativ langen Einschaltzeiten in Betrieb gewesen sein müssen. Daraus erklären sich die gleichmäßig hohe Belastung während der Tagstunden, der Gleichzeitigkeitsgrad von 80 % und die gute Tagesausnutzung von 78 % (18,6 Stunden).

Die Kurve vom 17.12.1977 zeigt, daß zwar für die Region "Essen" die Temperatur vorwiegend über der Umschalttemperatur lag, wie auch aus der Tagesmitteltemperatur von + 3,4°C hervorgeht. In anderen Regionen des Versorgungsgebietes ist es an diesem Tag jedoch kälter gewesen, denn die Belastung ist weniger gleichmäßig, der Gleichzeitigkeitsgrad beträgt nur noch 56 % und die Tagesausnutzung ist auf 53 % (12,7 Stunden) zurückgegangen.
Außerdem beträgt der Gesamtstromverbrauch der 25 Wärmepumpen gegenüber dem am 26.12.1977 nur knapp 50 %.

Am 8.1.1978 lagen die Temperaturen im überwiegenden Teil des Versorgungsgebietes dauernd unter der Umschalttemperatur. Lediglich in den Mittags- und Nachmittagsstunden ist in einzelnen Regionen die Temperatur über + 3°C angestiegen, weshalb einige der Wärmepumpenanlagen zu dieser Zeit erstmals in Betrieb gegangen sind. Bei absinkender Temperatur am Abend sind diese Anlagen jedoch bereits wieder außer Betrieb gewesen. Der Gesamtstromverbrauch der 25 Anlagen betrug an diesem Tag nur noch etwa 20 % des Verbrauchs am 26.12.1977. Der Gleichzeitigkeitsgrad ist auf 37 % und die Tagesausnutzung auf 33 % (7,9 Stunden) abgesunken.

Zusammengefaßt ist anzumerken, daß in dem ausgewerteten Zeitabschnitt der Heizperiode 1977/78, aus dem die Belastungskurven entnommen wurden, die Entlastung des Versorgungsnetzes bei Absinken der Außentemperatur auf oder unter die Umschalttemperatur von + 3°C wie erwartet eingetreten ist. Dies sei als bemerkenswertes Ergebnis hervorgehoben, zumal es sich bei den 25 überlagerten Wärmepumpenanlagen ausschließlich um Versuchsanlagen handelt.

6. Zusammenfassung

Anhand der Auswertungsbeispiele mag deutlich geworden sein, daß es mit dem Erfassungsgerät "Magnetbandrecorder mit Lasteingängen" in Verbindung mit der EDV möglich wird, einen genaueren Einblick in den typischen Belastungsgang der Haushalte insgesamt und nach Stromanwendungen zu erhalten. Danach ist es nicht notwendig, eine exakte Messung von Leistung und Arbeit jedes einzelnen leistungsstärkeren Gerätes im Haushalt vorzunehmen, wozu eine weit aufwendigere und weniger kompakte Meßeinrichtung erforderlich wäre. Es genügt die Messung der Summenarbeit und -leistung und die gleichzeitige Erfassung von Betriebszeiten der leistungsintensiven Geräte, um mit Hilfe der EDV eine Analyse nach Stromanwendungen mit guter Genauigkeit durchführen zu können. Von guter Genauigkeit darf deshalb gesprochen werden, weil Kontrollmessungen zeigen, daß die bei diesem Verfahren auftretenden Abweichungen von effektiven Meßwerten im ungünstigen Fall nicht mehr als 10 %, in der Regel aber weniger als 5 %, betragen.

MESSTECHNISCHE MÖGLICHKEITEN ZUR ERFASSUNG EINER VERRECHNUNGSLEISTUNG IM HAUSHALT

Dipl.-Ing. R. Nierhaus, Hameln

Über meßtechnische Möglichkeiten, auch im Haushalt neben der bisher üblichen Verrechnung der aufgelaufenen elektrischen Arbeitseinheiten die Leistungskomponente zu berücksichtigen, ist in der Literatur schon häufig berichtet worden.
Durch die gegenwärtige Diskussion über Energiesparmaßnahmen auf dem Elektrizitätssektor ist dieses Thema besonders aktuell. Dabei darf man wohl davon ausgehen, daß das Elektrizitäts-Versorgungs-Unternehmen den Haushaltsabnehmer in keiner Weise im Verbrauch von elektrischer Energie beschneiden bzw. einschränken will. Es sollen lediglich Belastungsspitzen vermieden werden.
Wenn also eine Verrechnungsleistung im Haushalt erfaßt werden soll, so müssen nach unserer Meinung die dazu erforderlichen Meßeinrichtungen so beschaffen sein, daß der Abnehmer selbst daran interessiert ist, Belastungsspitzen zu umgehen.
Die Diskussion über Energiesparmaßnahmen ist für AEG-TELEFUNKEN als Hersteller von Elektrizitätszählern in zweifacher Hinsicht von Bedeutung:

1 Zu welchem Ergebnis wird sie führen und welches Angebot an Tarifeinrichtungen müssen wir dann als Hersteller zur Verfügung stellen?

2 Welche vorbereitenden Maßnahmen sind aus heutiger Sicht seitens der Zähler-Hersteller zu treffen?

Auf die letzte Frage war die Antwort relativ schnell zu finden.
Wir als AEG-TELEFUNKEN sind davon ausgegangen, daß der herkömmliche Elektrizitätszähler zur Registrierung des Verbrauchs im Haushalt auf jeden Fall unabhängig vom Ausgang der gegenwärtigen Diskussion verbleiben wird.

Wenn man nun diesen Basiszähler mit einer im Zähler eingebauten Impulsgabeeinrichtung versieht - letzteres ist technisch kein Problem - so können Tarifeinrichtungen, die speziell die Leistungskomponente berücksichtigen, als impulsgesteuerte Geräte ausgeführt werden.

Auf dem Markt gibt es heute genormte Gehäuse (DIN 43 860), die auf jeden Klemmenblock eines Normzählers montiert werden können. Diese geschilderte und von AEG-TELEFUNKEN verwendete Ausführungsform hat den Vorteil, daß für den Basiszähler die höchstmögliche Eichgültigkeitsdauer zutrifft, während die vom Basiszähler impulsgesteuerte Tarifeinrichtung von der Eichpflicht ausgenommen ist.

Die erste Frage ist derzeit nicht eindeutig zu beantworten. Es wird sicherlich von uns nicht erwartet, daß am Ende der breiten Diskussion die Ablösung des Ein- bzw. Zweitarif-Haushaltszählers stehen wird; immerhin könnte aber eine besondere Tarifform für hochelektrifizierte Haushalte und mittlere Gewerbebetriebe das Ergebnis sein.
Um hier Denkanstöße zu geben, hat AEG-TELEFUNKEN verschiedene Geräte entwickelt, die sich an bekannte Tarifbegriffe anlehnen.

1 Zweitarifzählwerk (B i l d 1)

- Leistungsabhängig umschaltend
- Leistungsgrenze in 63 Stufen wählbar
- Überschreitungszählwerk
- Überschreitungskontakt
- Leistungsabhängige Zählung zeitweise abschaltbar

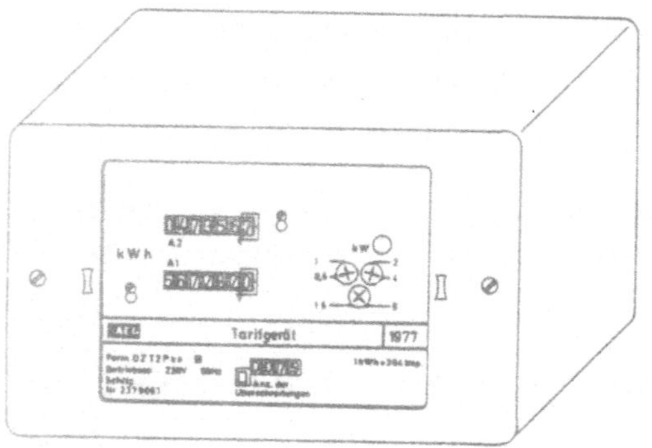

Frontansicht des Tarifgerätes

tP : Leistungsabhängige Zählung eingeschaltet
Z : Leistungsabhängige Zählung ausgeschaltet
P_R : Leistungsgrenze

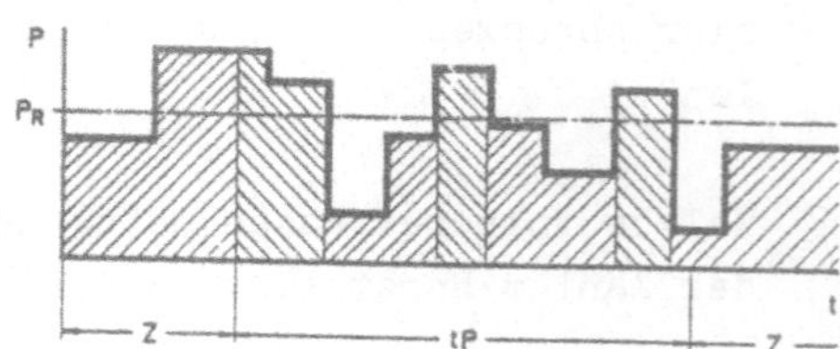

Bild 1. Zeichnerische Darstellung zur Definition der leistungsabhängigen Zweitarifmessung

Im Gegensatz zu dem bekannten von außen zeitabhängig angesteuerten Zweitarifzählwerk schaltet die zu beschreibende Ausführung leistungsabhängig bei Über- und auch Unterschreitung einer vorgewählten Leistungsgrenze selbsttätig um.

Ein Zählwerk, das jede Überschreitung der Leistungsgrenze erfaßt, kann nicht nur als zusätzliche Bezugsgröße für den Bereitstellungspreis im Grundpreis der Tarife herangezogen werden, sondern es gibt auch Aufschluß über die richtige Wahl der Leistungsgrenze. Die Leistungsgrenze ist in 63 Stufen wählbar. Ein zusätzliches Zählwerk zeigt die Anzahl der Überschreitungen der vorgewählten Leistungsgrenze an. Ein eingebauter Überschreitungskontakt kann zur Steuerung von Verbrauchsgeräten oder zur optischen bzw. akustischen Meldung herangezogen werden.

2 Überverbrauchzählwerk mit einer wählbaren Registriergrenze

(B i l d 2)

- Registriergrenze in 63 Stufen wählbar
- Überschreitungszählwerk
- Überschreitungskontakt
- Überverbrauchzählung zeitweise abschaltbar

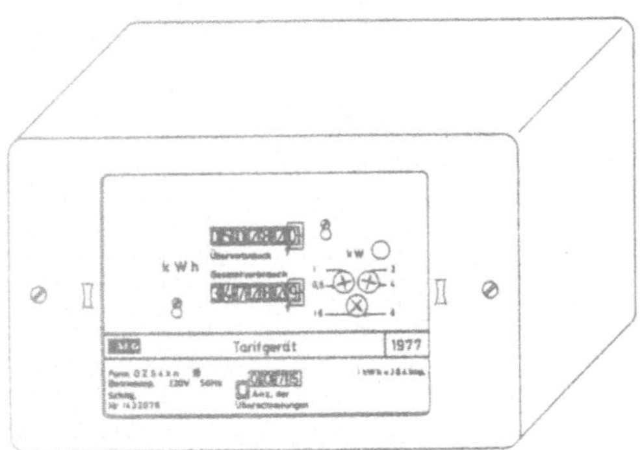

Frontansicht des Tarifgerätes

tR : Überverbrauchszählung eingeschaltet
Z : Überverbrauchszählung ausgeschaltet
R : Registriergrenze

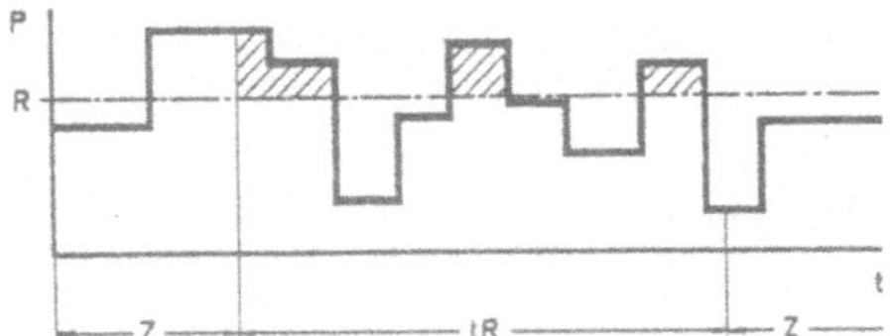

Bild 2. Zeichnerische Darstellung zur Definition des Überverbrauchs

Das impulsgesteuerte Überverbrauchzählwerk ermöglicht dem Elektrizitäts-Versorgungs-Unternehmen, Leistungspreistarife auch für mittlere und kleine Stromabnehmer anzuwenden, deren "bestellte Leistung" als bekannten Lastanteil in die Betriebsplanung einzusetzen und als Bezugsgröße für die Berechnung des Bereitstellungspreises im Grundpreis heranzuziehen. Die Überverbrauchtarife gestatten den Verbrauch elektrischer Energie zu einem günstigen Arbeitspreis bis zur bestellten Leistung. Der über die Registriergrenze hinausgehende Verbrauch wird zunächst zum Gesamtverbrauch mit günstigem Arbeitspreis gezählt, zusätzlich aber auch als Überverbrauch registriert, der mit einem besonderen Zuschlag je Kilowattstunde berechnet werden kann.

Die Registriergrenze läßt sich über einen 63stufigen Wahlschalter einstellen. Ein Zählwerk, das jede Überschreitung der Registriergrenze erfaßt, kann nicht nur als zusätzliche Bezugsgröße in die Tarifvereinbarungen einbezogen werden, sondern es gibt auch Aufschluß über die richtige Wahl der Registriergrenze.

3 Überverbrauchzählwerk mit zwei wählbaren Registriergrenzen (B i l d 3)

- Zwei umschaltbare Registriergrenzen in 63 Stufen wählbar
- Überschreitungszählwerk, rückstellbar
- Überschreitungskontakt
- Überverbrauchzählung zeitweise abschaltbar

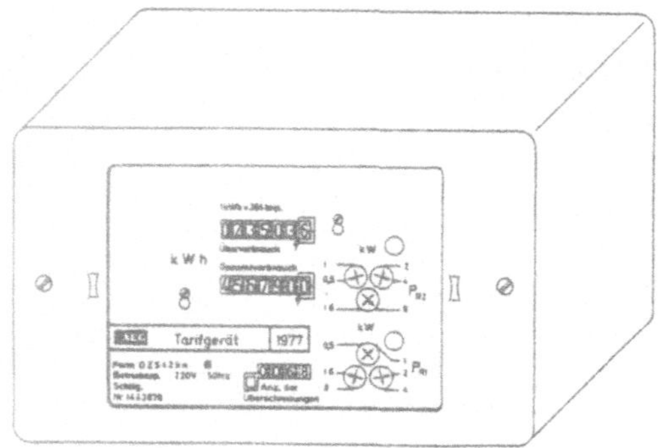

Frontansicht des Tarifgerätes

R1 und R2 : Registriergrenzen
tR1 und tR2 : Einschaltzeiten für R1 bzw R2
Z : Überverbrauchszählung abgeschaltet

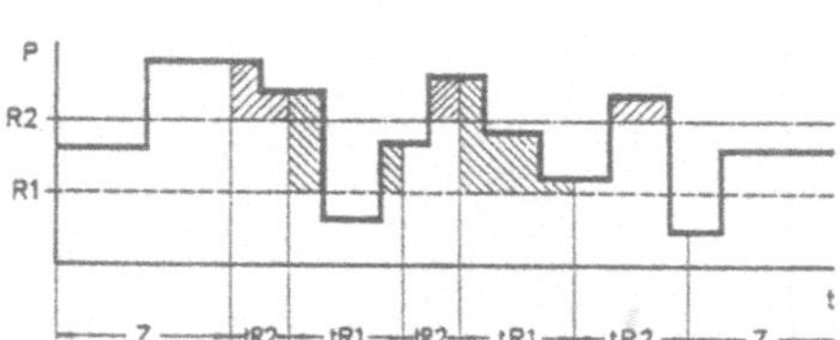

Bild 3. Zeichnerische Darstellung zur Definition des Überverbrauchs

4 Festmengenzählwerk (B i l d 4)

- Drei rückstellbare Festmengenzählwerke (n_1, n_2, n_3) für leistungsbezogene Erfassungsbereiche
- 100 Festmengen wählbar
- Kontrollzählwerk für Gesamtverbrauch
- elektronischer Zeitgeber mit drei programmierbaren Zeitbereichen (t_1, t_2, t_3)
- Festmengenzuordnung zeitweise abschaltbar

Das impulsgesteuerte Festmengenzählwerk beruht auf einem schon vor mehr als 50 Jahren von der AEG entwickelten Prinzip, wonach man eine in Anspruch genommene Leistung aus der Zeit ermitteln kann, in der eine bestimmte Anzahl von Kilowattstunden verbraucht wurde. Es handelt sich hierbei um einen Leistungsmittelwert, der sich dem Augenblickswert um so mehr nähert, je kleiner die Teilverbrauchsmenge (Festmenge) angenommen wird.

In der nun vorliegenden Ausführung kann die Auswertung wesentlich differenzierter, vor allem im Hinblick auf die in Anspruch genommene mittlere Leistung erfolgen. Das Tarifgerät entnimmt die Festmengen drei verschiedenen Leistungsbereichen und ordnet sie drei rückstellbaren Festmengenzählwerken (n_1, n_2, n_3) zu. Als Auswahlkriterium gilt von drei verschiedenen Zeitbereichen der, in dem die gewählte Festmenge verbraucht wurde.

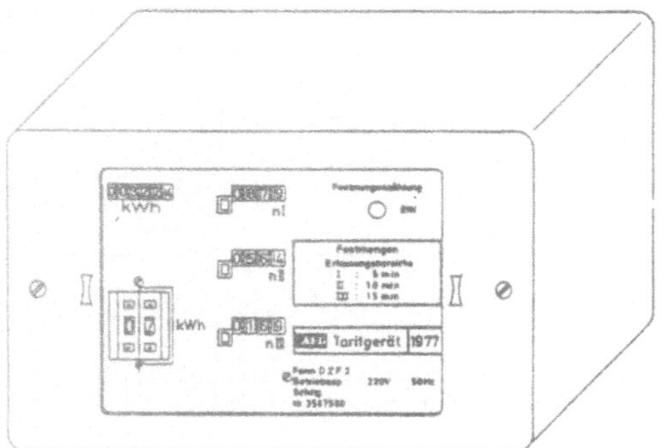

Frontansicht des Tarifgerätes

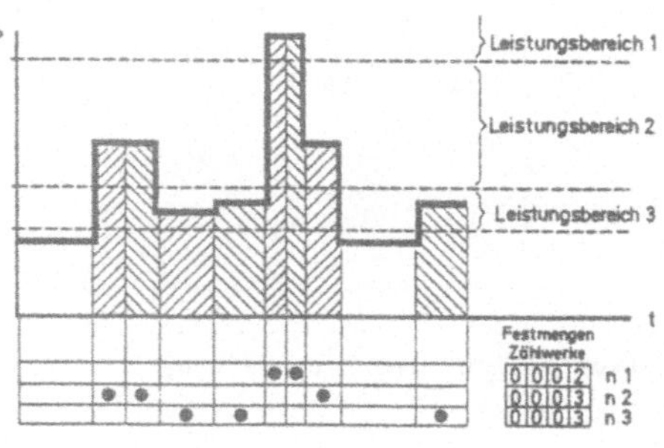

Bild 4. Zeichnerische Darstellung zur Definition der Festmenge

Beispiel:

Festmenge (FM = 2 kWh,
Meßperiode t = 15 min,
Zeitbereiche: $t_1 < 5$ min, $t_2 > 5$ min < 10 min, $t_3 > 10$ min ≤ 15 min

Der Leistungsbereich errechnet sich aus $P = \frac{FM \cdot 60}{t_{(1,2,3)}}$ (1)

Das ergibt für den Zeitbereich t_1 einen Leistungsbereich ab 24 kW, für den Zeitbereich t_2 einen Leistungsbereich von 12 bis 24 kW, für den Zeitbereich t_3 einen Leistungsbereich von 8 bis 12 kW.

Mittlere Leistungen kleiner als 8 kW ergeben in vorliegendem Falle keine Festmenge. Die drei Leistungsbereiche können in Verbindung mit der Anzahl der registrierten Festmengen als Bezugsgröße für den Bereitstellungspreis im Grundpreis der Tarife, z. B. für den Bedarf in Haushalt, Landwirtschaft und Gewerbe, herangezogen werden.

5 Viertarifzählwerk (B i l d 5)

Das Viertarifzählwerk erlaubt das Erfassen des Verbrauchs elektrischer Energie zu vier verschiedenen Tarifzeiten mit entsprechend differenzierten kWh-Preisen; es kann ohne zusätzlichen Platzbedarf auf dem Klemmenblock eines Drehstrom-Impulsgeberzählers (im Normgehäuse) oder separat montiert werden.

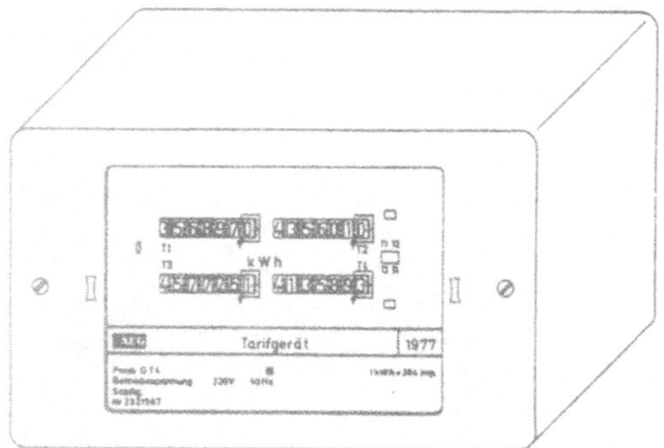

Frontansicht des Tarifgerätes

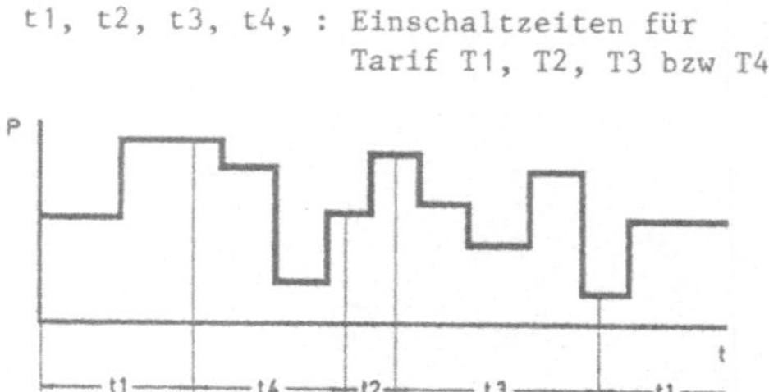

Bild 5. Zeichnerische Darstellung zur Definition des Viertarifs

DER ELEKTRISCHE LEISTUNGSBEDARF VON HAUSHALTEN

von Dipl.-Ing. W. Piller, München

Der Haushaltssektor und seine elektrizitätswirtschaftliche Bedeutung

Die anhaltende Diskussion über den Strombedarf im Haushaltsbereich und seine künftige Entwicklung hat diesen mehr und mehr in das öffentliche Interesse gerückt. Eindeutig ist, daß dieser Verbraucherbereich mit seinen hohen Steigerungsraten - die während der letzten 15 Jahre im Mittel um die 10 %/a lagen - die Zunahmen der anderen Verbrauchergruppen beim Einsatz elektrischer Energie erheblich übertraf. Er hat damit in starkem Maß zu den aus der Vergangenheitsentwicklung des gesamten Stromverbrauchs in der Bundesrepublik Deutschland bekannten jährlichen Zuwachsraten von 7 % bis 8 % beigetragen. So entfallen von dem für das Jahr 1976 mit 273 TWh angegebenen Gesamtstromverbrauch im Endenergiebereich der Bundesrepublik Deutschland allein 26,4 % auf den Haushaltsbereich und weisen ihn damit nach der Industrie als den zweitgrößten Verbrauchersektor aus. Ebenso scheint, wie man Studien und Prognosen [1] entnehmen kann, die Tatsache gesichert, daß der Stromverbrauch privater Haushalte auch zukünftig ein nicht unerhebliches Entwicklungspotential aufweisen wird, wenn auch mit niedrigeren Zuwachsraten als bislang.

Neben der Forderung nach möglichst fundierten Grundlagen für die Prognosen der Strombedarfsentwicklung, sowie dem Erarbeiten und Fortschreiben von Grundlagen zur Planung im elektrizitätswirtschaftlichen Bereich, kommen in verstärktem Maß noch weitere Überlegungen hinzu, die detaillierte Kenntnisse der Lastverhältnisse in diesem Verbrauchersektor bedingen. So impliziert die Erwägung einer Spitzenlastabsenkung im Haushaltsbereich und auch etwaige Modifikationen des derzeitigen Tarifgefüges mit Blickpunkt auf eine stärkere Anlehnung an elektrizitätswirtschaftliche Größen die detaillierte Kenntnis und Untersuchung der entscheidenden Einflußgrößen und ihrer Auswirkungen. Insbesondere die beiden letztgenannten Problemkreise erfordern dabei eine "leistungsorientierte" Betrachtungsweise und verlangen damit weitergehende Ergebnisse, als dies für rein "arbeitsbezogene" Verbrauchsermittlungen nötig ist. Die tiefgehende Analyse im Bereich der privaten Haushalte, das Ermitteln der einzelnen Einflußfaktoren und ihrer Rückwirkungen auf den Strombelastungsverlauf ist daher unabdingbar.

Allgemeines zum Leistungsgang im Haushalt

Im Rahmen der vielschichtigen Problematik kommt insbesondere dem Feststellen der Tagesbelastungsgänge eine besondere Bedeutung zu. Die hierfür zumeist gewählten Betrachtungs- und Erfassungsintervalle von kürzestens einer Viertelstunde dürfen allerdings nicht darüber hinwegtäuschen, daß auch im Haushaltsbereich jene kurzzeitigen Lastschwankungen auftreten können, die auf der Erzeuger- und Versorgerseite erheblichen Aufwand bedingen.

Tagesbelastungsgänge erhält man im allgemeinen aus Messungen, bei denen eine Mittelung der anstehenden Last einzelner Verbraucher, Verbrauchergruppen oder auch ganzer -gebiete über eine bestimmte Meßperiodenlänge vorgenommen wird. Die resultierenden Verläufe im durchschnittlichen Haushalt sind stark vom täglichen Lebensrhythmus geprägt. Ihre Schwankungen werden durch tageszeittypisches, gleichartiges Verbraucherverhalten verursacht und sind vornehmlich auf den Zeitbereich zwischen 5.00 Uhr und 23.00 Uhr beschränkt. Neben solch rein qualitativen Kenntnissen des Leistungsverlaufes bestehen eine Reihe von fundierten Aussagen über Tages- und Jahresleistungsgänge größerer Abnehmergebiete, die zumeist als Netzbelastungen von den jeweiligen Versorgungsunternehmen ermittelt werden. Leider sind die solchermaßen erfaßten Leistungsganglinien nur in Ausnahmefällen reinen Wohngebieten zuordenbar, so daß eine Aufteilung nach Verbrauchersektoren notwendig wäre, die jedoch die angestrebte Detailkenntnis voraussetzen würde. Neben einigen Studien, die aufbauend auf statistischem Datenmaterial bezüglich des Strombedarfs und demographisch ausgerichteten Betrachtungsweisen Aussagen über die Energiebedarfsentwicklung versuchen, gibt es nur verhältnismäßig wenige Untersuchungen, die auf Messungen einzelner Haushalte oder Haushaltsgruppen beruhen.

Reine Planungsrichtwerte für die mittleren Höchstlasten, die jedoch keine weitergehenden Aufschlüsselungsmöglichkeiten nach den verursachenden Einflußparametern gestatten, werden heute je nach Haushaltstyp zwischen 0,8 kW/Haushalt bei reinem Licht- und Kleingerätestrombedarf und bis zu 12 kW bei allelektrischer Ausstattung mit Speicherheizgeräten angesetzt. Hierbei ist der aus dem Verbraucherausgleich resultierende Gleichzeitigkeitsgrad empirisch berücksichtigt.

Tagesleistungsgang eines Wohnblocks

Im Rahmen gezielter meßtechnischer Untersuchungen, die vom Lehrstuhl für Energiewirtschaft und Kraftwerkstechnik der Technischen Universität München ausgeführt werden, ist auch ein Wohnblock mit 44 Wohneinheiten (WoE) über einen längeren Zeitraum analysiert worden. Tafel 1 gibt auszugsweise einige wesentliche Daten über die Sozialstruktur sowie die Geräteausstattung des Wohnobjektes wieder, bei dem Heizung und Warmwasserbereitung nichtelektrisch durchgeführt werden. Die Daten sind zeitlich parallel zu den vorgenommenen Messungen, vermittels einer umfangreichen Fragebogenaktion, erhoben worden. Somit konnte sichergestellt werden, daß sowohl die aktuelle Geräteausstattung, als auch die im Meßzeitbereich effektive Personenbelegung erfaßt ist, und die neben diesen primären Einflußgrößen gestellten Fragen nach Gerätebenutzungsgewohnheiten etc. einer bekannten Grundgesamtheit zuzuordnen sind. In Bild 1 ist neben einem gemessenen Tagesleistungsgang des Wohnblocks der durchschnittliche Belastungsverlauf an Wochentagen in der Übergangszeit dargestellt. Ermittelt ist letzterer aus den Tageslastgängen eines vierwöchigen Erfassungszeitraumes bei dem gleichen Wohnobjekt. Deutlich zu erkennen ist in beiden Darstellungen neben dem abendlichen Maximum und der mittaglichen Kochspitze ein tertiäres Maximum am Vormittag. Dieses ist - wie die weitere Analyse ergab - vorrangig dem in diesem Zeitbereich besonders ins Gewicht fallenden Waschmaschineneinsatz zuzurechnen. Die auf den ersten Blick relativ niedrig erscheinenden Leistungswerte von maximal 24,5 kW in Bild 1a erklären sich aus der bei der Summation voneinander unabhängiger Einzelleistungsgänge wirksamen Lastvergleichmäßigung. Sie schlägt im vorliegenden Fall mit einem Gleichzeitigkeitsgrad von 14,4 % zu Buch. Wie beide Darstellungen ausserdem zeigen,

Wohneinheiten		44
Personenzahl		98
davon Kinder bis 15 Jahre		22
Haushaltungsvorstände		44
Alter:	bis 30 Jahre	5
	31 bis 40 Jahre	11
	41 bis 50 Jahre	11
	51 bis 60 Jahre	9
	über 60 Jahre	8
Beruf:	Selbständige	4
	Beamte/Angestellte	27
	Arbeiter	5
	Rentner	8

Waschmaschinen		36
Elektroherde		44
Kühlschränke		44
Gefrierschränke		15
Geschirrspülmaschinen		6
Wäschetrockner		2
Bügelmaschinen		3
Bügeleisen		44
Fernsehgeräte		50
Lampen	≤ 40 W	525
Lampen	› 40 bis 100 W	199
Lampen	‹ 100 W	10
Insgesamt		734

Tafel 1. Angaben zur Sozialstruktur und Geräteausstattung eines Wohnobjektes mit 44 Wohneinheiten

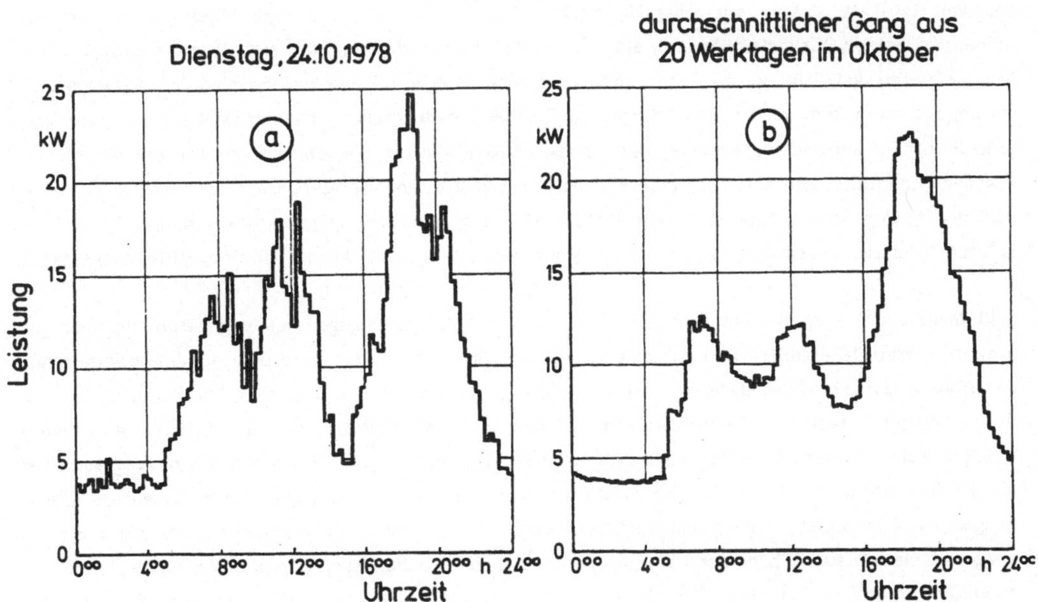

Bild 1. Tagesleistungsgänge eines Wohnobjekts mit 44 Wohneinheiten

werden durch die Überlagerung einer Vielzahl von Leistungsgängen ein und derselben Grundgesamtheit mit durchaus unterschiedlichen Einzeltagesverläufen zwar die einzelnen Lastcharakteristika verwischt, ohne daß dabei aber der typische Lastverlauf verloren geht.

Weitere Kenngrößen, die sich aus derartigen Darstellungen ableiten lassen, sind neben der Gesamttagesarbeit je Haushalt - im vorliegenden Fall ca. 5,6 kWh pro Tag - der Belastungsgrad m sowie das Leistungsverhältnis m_o als Quotient von minimaler zu maximaler Last innerhalb eines Zeitraumes. Die entsprechenden Werte ergeben sich für den gewählten Dienstag zu m = 0,41 und m_o = 0,13. Weiterführende statistische Auswertungen, etwa das Erstellen von Histogrammen oder geordneten Tagesdauerlinien können für bestimmte Zwecke anschaulich und sinnvoll sein, erlauben aber kein weiteres Aufschlüsseln der Leistungsgänge.

Aufschlüsselung von Leistungsgängen

Losgelöst vom vorgestellten Beispiel lassen sich zwar grundsätzlich Aussagen über alle, von den Versorgungsunternehmen bereits gesteuerten und damit in ihrer Leistungsrelevanz beeinflußbaren Gerätegruppen - wie dies vornehmlich elektrische Speicherheizgänge sind - machen. Daneben ist es auch möglich, den Bedarf des Lastbandes für Kühlen und Gefrieren in guter Näherung aus dem der Nachtstunden und frühen Morgenstunden zu approximieren. Schwierig werden jedoch die Verhältnisse bei den Haushaltsgroßgeräten und dem Beleuchtungsbedarf, da die Leistungsgänge der Einzelhaushalte durchaus unterschiedlich aussehen. Als Beispiel hierzu mögen die Tagesleistungsgänge zweier Haushalte in B i l d 2 dienen, die nach den sogenannten "Großgeräten", also leistungs- und energieintensiven Haushaltsgeräten, wie etwa Elektroherd, Waschmaschine usw. aufgeschlüsselt sind. Daneben stehen die beiden "Grundlastbänder", also der Beleuchtungsbedarf und der sich über die Gruppe Kühlen, Gefrieren und "Kleingeräte" ergebende Verbrauch. Hierbei zählen zum Bereich der "Kleingeräte" im angewandten Sinn auch leistungsintensive Geräte wie Bügeleisen, Kleingrillgeräte etc., die sich jedoch infolge seltener Anwendung oder kurzer Betriebszeiten weniger energieintensiv bemerkbar machen. Ebenfalls dem Kleingerätebereich sind Rundfunk- und Fernsehgeräte und diverse Küchenkleingeräte zugeordnet. Eine derartige Aufteilung hat sich bei den mittlerweile schon mehrfach erfolgten Untersuchungen auch von der meßtechnischen Praktikabilität her als sinnvoll herausgestellt.

Bild 2a gibt am Beispiel eines Dienstag im Dezember den Leistungsgang eines gerätemäßig sehr gut ausgestatteten 3-Personen-Haushaltes ohne Heizung und Warmwasserbereitung wieder, bei dem nur der Haushaltsvorstand berufstätig ist. Interessant ist die Aufschlüsselung nach Gerätearten, die nur durch möglichst weitgehend aufgefächerte Messung und zusätzliches Führen von Geräteeinsatzlisten möglich wurde. So ist im vorliegenden Fall jeder Geräteeinsatz, über einige Wochen hinweg auch der von Kleingeräten, parallel zur Messung aufgezeichnet worden. Daraus ergeben sich eindeutige Zuordnungen zwischen Leistungsgang und Geräteeinsatz, und es lassen sich neben den ermittelbaren Benutzergewohnheiten auch Phänomene ableiten, wie etwa der auf den Einsatz von einem Kühlschrank und zwei Gefriergeräten zurückzuführende hohe Grundlastsockel. Das zweite Beispiel nach Bild 2b zeigt den Tagesleistungsgang eines 2-Personen-Haushaltes. Stark ausgeprägt sind die Auswirkungen der Berufstätigkeit beider Personen. Der Einsatz der Großgeräte verschiebt sich in den Abendbereich. Da ferner nur ein Kühlschrank im Haushalt vorhanden ist, ergibt sich ein deutlich schmäleres Grundlast-

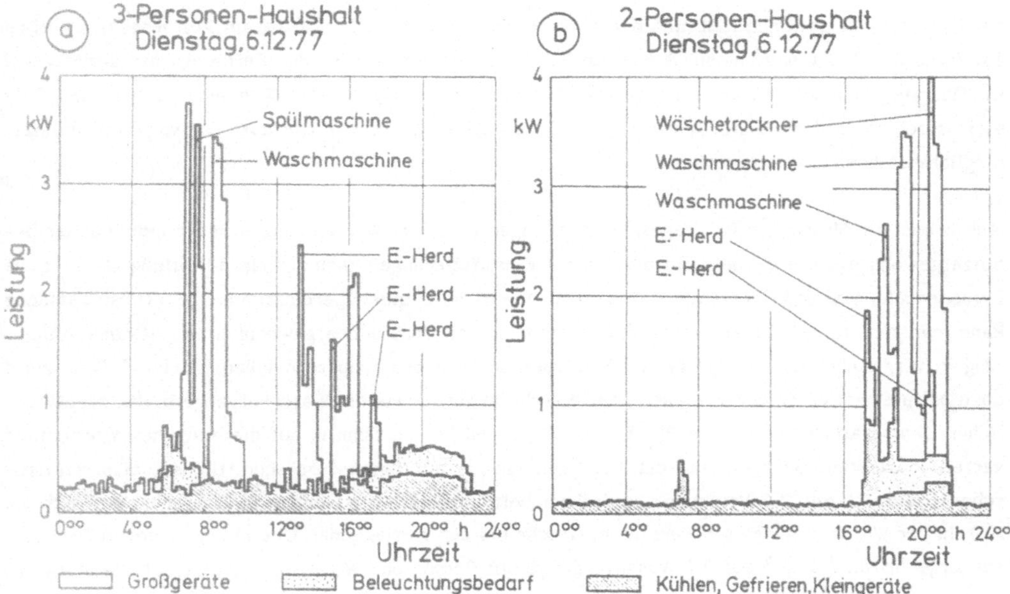

Bild 2. Aufgeschlüsselte Tagesleistungsgänge zweier Einzelhaushalte

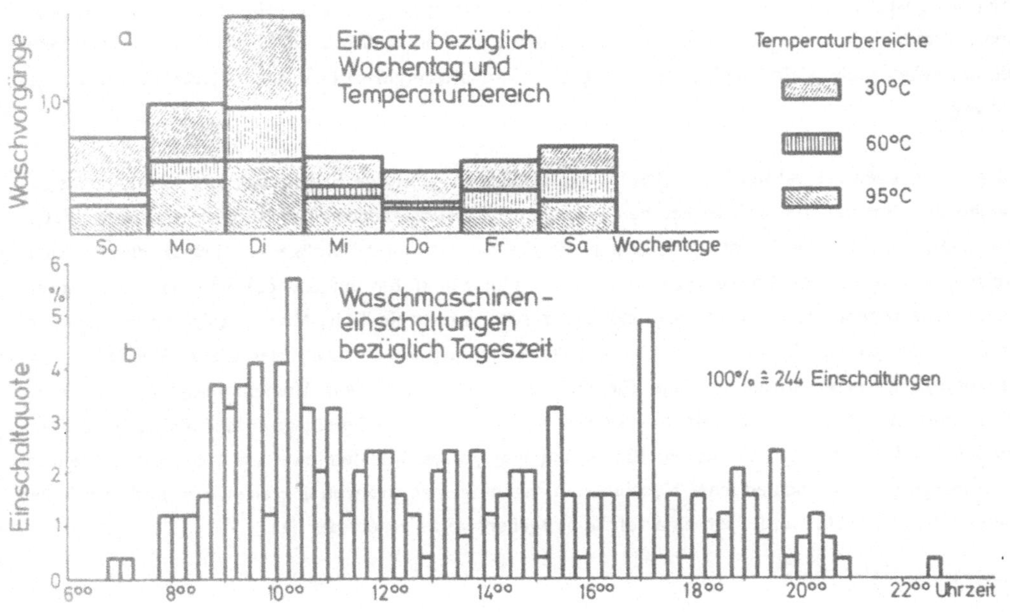

Bild 3. Verbrauchergewohnheiten beim Waschmaschineneinsatz

band. Beiden Diagrammen läßt sich der erhöhte Verbrauch für Kleingeräte im Zeitbereich von etwa 18.30 bis 22.00 Uhr entnehmen, der in starkem Maß auf den Betrieb der Fernsehgeräte zurückgeht. Im Quervergleich zu den in Bild 1 betrachteten Leistungsgängen eines Wohnblockes wird das Ausgleichsproblem und die ohne Messung der Leistungsgänge der Einzelhaushalte nur vage Aufteilungsmöglichkeit nochmals verdeutlicht.

Nun zeigen die Messungen von Tagesleistungsgängen einzelner Wohneinheiten, trotz individueller Benutzergewohnheiten, innerhalb entsprechender Klassifizierungen nach primären Einflußgrößen - etwa Personenzahl/WoE und Geräteausstattung - im Durchschnitt gute Übereinstimmungen. Diese Tatsache kann man sich zur Systematisierung beim Ermitteln von Verbrauchergewohnheiten mit einer Aufteilung in vergleichsweise wenige typische Betrachtungsgruppen zunutze machen. B i l d 3 a zeigt dazu beispielhaft an einer Geräteart - der Waschmaschine - wie die Waschvorgänge in den hauptsächlichen Temperaturbereichen um 30 °C, 60 °C und 90 °C im Schnitt auf die einzelnen Wochentage verteilt auftreten. Bezogen sind die Aussagen jeweils auf einen durchschnittlichen, also "statistischen" Haushalt mit 2,6 Personen pro Wohneinheit. Interessant ist dabei die Tatsache, daß sich die Anzahl der Waschvorgänge pro Person und Woche bei der vorliegenden Untersuchung gegenüber älteren Ergebnissen [1, 2] auf 2,1 Waschvorgänge pro Person und Woche verdoppelt hat. Verstärkt zu beobachten ist außerdem die Vergleichmäßigung der Waschvorgänge auf alle Wochentage, wenn auch der Montag und Dienstag noch eine gewisse Vorrangstellung besitzen.

Der gleichen Erhebungsgesamtheit entstammen die in B i l d 3 b dargestellten Ergebnisse bezüglich der Waschmaschineneinschaltungen in Prozent, zugeteilt auf die jeweiligen Viertelstunden des Tages. Auch hier sind die Geräteeinschaltungen über die vom Benutzer langfristig geführten Strichlisten festgestellt und anhand der aufgenommenen Leistungsgänge nachgeprüft worden. Ein Schwerpunkt ergibt sich innerhalb der Vormittagsstunden zwischen 8.00 und 12.00 Uhr. Es zeigt sich aber die ansonsten recht gleichmäßige Verteilung der Einschaltereignisse über den Aktivbereich des Tages hinweg.

Liegen von allen relevanten Haushaltsstromverbrauchern derartige Ergebnisse vor, so bildet das Erfassen der Einzelleistungsgänge der den Strombedarf verursachenden Geräte den letzten Schritt in der Analysenkette. Hierfür ist es notwendig, für die verschiedenen "Großgeräte" jeweils durchschnittliche gerätespezifische Leistungsgänge zu ermitteln, zumal für ein und dieselbe Geräteart unterschiedliche technische Konzeptionen und damit auch unterschiedliche Momentanleistungsgänge vorkommen. Beispielhaft hierfür ist in B i l d 4 der resultierende "charakteristische Viertelstundenleistungsgang" einer Waschmaschine für die 90 °C-Kochstufe dem Momentanleistungsgang einer Waschmaschine gegenübergestellt. Nachdem sowohl der zeitliche Leistungsverlauf als auch der Energieinhalt des errechneten durchschnittlichen Leistungsganges mit den jeweils gemessenen Momentanleistungsgängen unterschiedlicher Maschinen in angemessenen Grenzen übereinstimmt und an etlichen Beispielen überprüft wurde, ist eine solche Vorgehensweise gerechtfertigt.

Analysenergebnisse als Grundlagen zur Lastsynthese

Nach dem Auswerten und Ordnen der Ergebnisse derartiger Analysen, die natürlich auf eine möglichst breite und umfassende Basis zu stellen sind, ergibt sich ein gutes Bild der für den Leistungsgang und den Strombedarf von Haushaltsabnehmern entscheidenden "Einzelbausteine". Die vorzunehmende Einteilung wird dabei im Haushaltsbereich erleichtert durch seinen insgesamt gesehen recht gleichartigen Aufbau. Dieser im Vergleich zu Industrie oder dem Kleinverbrauch homogene mosaikhafte Charakter gestattet zusammen mit der Kenntnis der einzelnen "Mosaiksteine" den Weg der Synthese, um das gewünschte Ziel, das Erstellen von zu erwartenden Bedarfsgängen beliebig strukturierter Haushaltsabnehmer oder Wohngebiete auf der Basis der verursachenden Einflußparameter zu erreichen. Der Autor hat im Rahmen seiner wissenschaftlichen Forschungstätigkeit ein Synthesemodell entwikkelt, das der vorgenannten Zielsetzung Rechnung trägt.

Ausgehend von Einschaltquoten über der Tageszeit und "charakteristischen Leistungsgängen" für die einzelnen Gerätearten werden mit Hilfe eines mathematisch-technischen Rechenmodells, das auf Methoden der Wahrscheinlichkeitsüberlagerung basiert, die zu bestimmten, prinzipiell frei vorwählbaren Zeitintervallen gehörigen "Leistungswahrscheinlichkeitsprofile" ermittelt. Diese lassen sich für beliebige Verbrauchergebiete und jeden Wochentag berechnen und belegen jede mögliche vorkommende Leistung innerhalb des Zeitintervalles mit der entsprechenden Auftrittswahrscheinlichkeit. Außer der mittleren Leistung können hierbei in Anlehnung an Normalverteilungen auch Aussagen über den Bereich der Standardabweichung getroffen werden. Die entsprechenden Werte, bzw. Profile lassen sich ferner über alle Zeitintervalle des Betrachtungszeitraumes zu Wahrscheinlichkeitsgebirgen - ähnlich

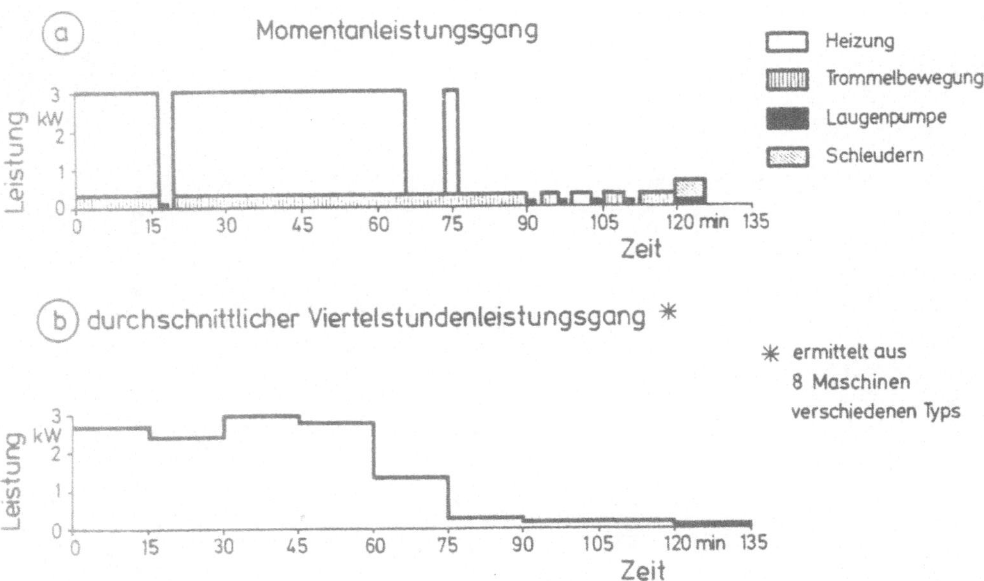

Bild 4. Geglätteter Momentanleistungsgang und durchschnittlicher Viertelstundenleistungsgang für das Kochwäscheprogramm

den aus dem EVU-Bereich bekannten Belastungsgebirgen - oder in zweidimensionaler Darstellungsweise zu durchschnittlichen mittleren Leistungsgängen mit entsprechendem Vertrauens- und Erwartungsbereich zusammensetzen. Dies verdeutlicht Bild 5 für den Tagesleistungsgang eines Wohnobjektes mit 40 Wohneinheiten. Dargestellt ist der Leistungsmittelwert je Viertelstunde und die obere Konfidenzgrenze, unterhalb derer 97,7 % aller im statistischen Mittel auftretenden Leistungen liegen. Klar erkennbar wird, daß während der Zeiten mit individuell stark unterschiedlichem Verbraucherverhalten - also insbesondere während der Morgen- und Abendspitzen - deutlich höhere Bandbreiten auftreten, als dies zu Zeiten mit weitgehend konformem Verhalten der Verbraucher der Fall ist. Für den betrachteten Wochentag ergibt sich zwischen Mittelwert und oberer Vertrauensgrenze ein Band, das sich bis um den Faktor sechzehn unterscheidet. Weiterhin ist in Bild 5 exemplarisch für ein Betrachtungsintervall - nämlich dem von 13.45 bis 14.00 Uhr - das den möglichen Leistungswerten zurechenbare Leistungswahrscheinlichkeitsprofil angegeben, dessen Kenntnis z.B. für Netzplanungs- und Auslegungsfragen bedeutsam wird. Entsprechende Errgebnisse lassen sich in gleicher Weise für beliebige Gerätegruppen oder auch Gruppenkombinationen - also etwa nur für den Waschmaschinenlastgang oder auch seine Kombination mit anderen Geräten erzielen.

Neben solchen über die Eingabegenauigkeit auch im Bearbeitungsumfang steuerbaren praxisnahen Anwendungsmöglichkeiten gestattet das Modell die mathematisch statistische Behandlung der schon seit langer Zeit immer wieder im Interesse stehenden Ausgleichsprobleme, speziell des Gleichzeitigkeitsgrades. Dieser kann in Abhängigkeit von Benutzergewohnheiten, Abnehmeranzahl und einigen weiteren Parametern durchleuchtet und quantifiziert werden. Über genaue Ergenisse des Rechenmodells und den daraus ableitbaren Konsequenzen wird zu gegebener Zeit zu berichten sein, wobei dann sicher auch neue Schlußfolgerungen über den Strombedarfsgang im Haushaltssektor vorliegen.

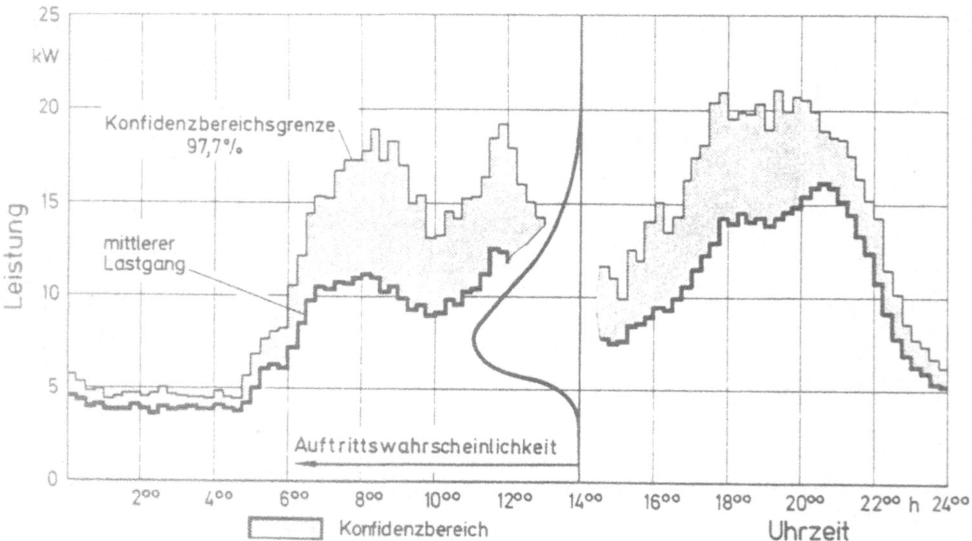

Bild 5. Leistungsmittelwerte Konfidenzbereich und Leistungswahrscheinlichkeitsprofil für einen Modellfall

Schrifttum

[1] VDEW-Studie: Überlegungen zur künftigen Entwicklung des Stromverbrauchs privater Haushalte in der Bundesrepublik Deutschland bis 1990.
VDEW-Arbeitsausschuß Marktforschung - Elektrizitätsanwendung Frankfurt (Main) 1977.

[2] Forschungsstelle für Energiewirtschaft
FfE-Bericht: Die Nutzung von Waschmaschinen in Haushalten.
BWK 24 (1972) Nr. 11.

LEISTUNGSGANG DES BRAUCHWARMWASSERBEDARFS IM HAUSHALT

M. Gossenberger, Hagen

0. Einleitung

Der Warmwasserverbrauch im privaten Haushalt ist ein Bereich, der vor allem aufgrund von subjektiven Einflußgrößen starken Schwankungen unterworfen ist. Demzufolge sind auch in der Literatur die unterschiedlichsten Angaben über den täglichen Warmwasserverbrauch pro Person zu finden. Dennoch sind Werte vorhanden, mit denen bei der Beachtung der jeweiligen Besonderheiten die Dimensionierung von Anlagen bzw. Wirtschaftlichkeitsberechnungen möglich sind.

Der Leistungsgang der Warmwasserbereitung - also der zeitliche Verlauf des Warmwasserverbrauchs über den Tag - ist dagegen weitgehend unbekannt, und man ist häufig darauf angewiesen, von seinen eigenen Lebensgewohnheiten auszugehen. Dabei ist für die Dimensionierung von Anlagen ebenso wie für Wirtschaftlichkeitsberechnungen in vielen Fällen auch der Leistungsgang von Interesse. Dies gilt insbesondere bei der Anwendung von neuen Technologien zur Warmwasserbereitung wie Wärmepumpen, Wärme-Kraft-Kopplung oder bei der Nutzung von Sonnenenergie. Von der Forschungsstelle für Energiewirtschaft wurde daher im Rahmen einer Studie [1], die vom Bundesminister für Forschung und Technologie finanziell gefördert wurde, u.a. auch der Leistungsgang des Warmwasserverbrauchs in Haushalten untersucht. Über die Ergebnisse dieses Teils der Studie soll hier auszugsweise berichtet werden.

1. Meßtechnische Erfassung

Im Gegensatz zu der Messung des Warmwasserverbrauchs ist die meßtechnische Erfassung des Leistungsgangs mit einem wesentlich höheren Aufwand verbunden. Die Verbrauchsmessung erfordert lediglich einen Wasserzähler, der in bestimmten Abständen abgelesen wird. Bei der Erfassung des Leistungsgangs ist man dagegen in der Regel gezwungen, auf eine automatische Meßwerterfassung überzugehen. Der Leistungsgang des Warmwasserverbrauchs kann meßtechnisch mit unterschiedlichen Methoden ermittelt werden. In Anbetracht der vorgegebenen Aufgabenstellung bot sich die Erfassung einer mittleren Leistung über eine bestimmte Periodendauer an: Während der Dauer der Meßperiode wird die verbrauchte Warmwassermenge in l gezählt. Bezieht man diese Wassermenge auf die Periodendauer, so erhält man die mittlere Leistung des Warmwasserverbrauchs in diesem Zeitraum. Bei den nachfolgend beschriebenen Untersuchungen wurde zunächst eine Periode von 15 Minuten zugrunde gelegt. Die dadurch erhaltenen Viertelstundenmittelwerte des Warmwasserverbrauchs wurden auf Lochstreifen registriert und in einer EDV-Anlage ausgewertet.

2. Voruntersuchung

Bei einer Voruntersuchung, die in mehreren Wohnhäusern mit einer unterschiedlichen Anzahl von gemeinsam versorgten Wohneinheiten über einige Wochen durchgeführt wurde, haben sich folgende Erkenntnisse ergeben:

1. Die Darstellung des Leistungsgangs aus Viertelstundenmittelwerten ist für eine statistische Auswertung, beispielsweise für die Ermittlung wochentagstypischer Ganglinien, nur bedingt geeignet. Relativ kleine zeitliche Verschiebungen des Verbrauchs wirken sich unverhältnismäßig stark auf die entsprechenden Viertelstundenwerte aus. In Bild 1 ist der Leistungsgang des Warmwasserverbrauchs für eine

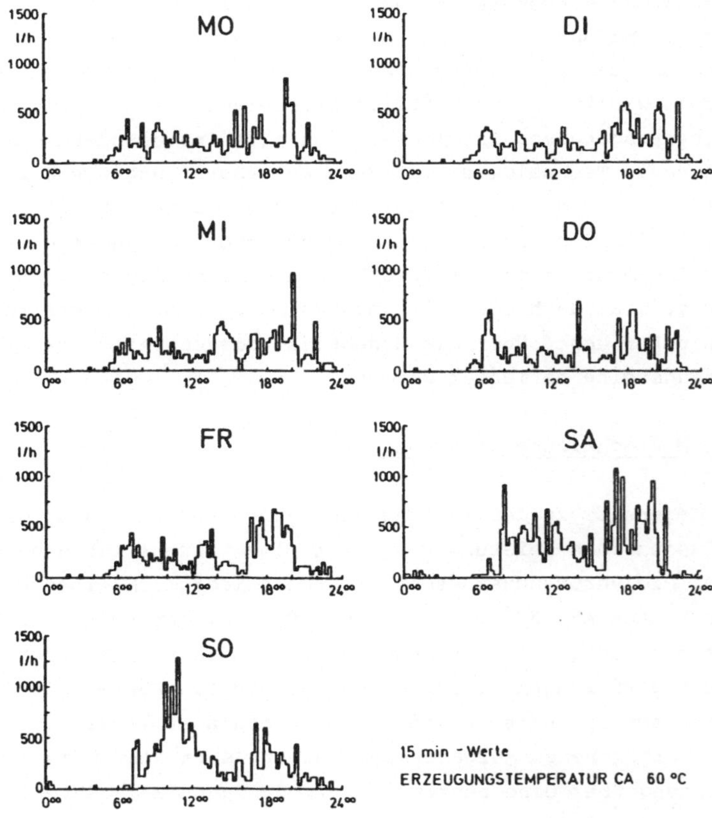

Bild 1. Tagesgang Warmwasserverbrauch (45 Wohneinheiten, 106 Personen)

Woche aufgetragen. Die Darstellung zeigt anschaulich, wie zufällig hohe und niedrige Verbrauchswerte aufeinander folgen. Dieser Nachteil konnte durch eine Umrechnung auf Stundenmittelwerte weitgehend ausgeglichen werden. Berücksichtigt man, daß bei der Warmwasserversorgung von mehreren Wohneinheiten in der Regel ein Warmwasservorrat bereitgehalten wird, so ist die Aussagefähigkeit der Ergebnisse durch diese weitergehende Mittelwertbildung nur wenig beeinträchtigt.

2. Auch nach dem Übergang auf Stundenmittelwerte ergibt sich erst bei der gemeinsamen Versorgung von mehreren Wohneinheiten für gleiche Wochentage ein annähernd übereinstimmender Verlauf. In Bild 2 ist der Leistungsgang des spezifischen Wasserverbrauchs in den untersuchten Wohnhäusern dargestellt. Als Beispiel wurde der Leistungsgang an einem Samstag ausgewählt. Um eine einheitliche Darstellung

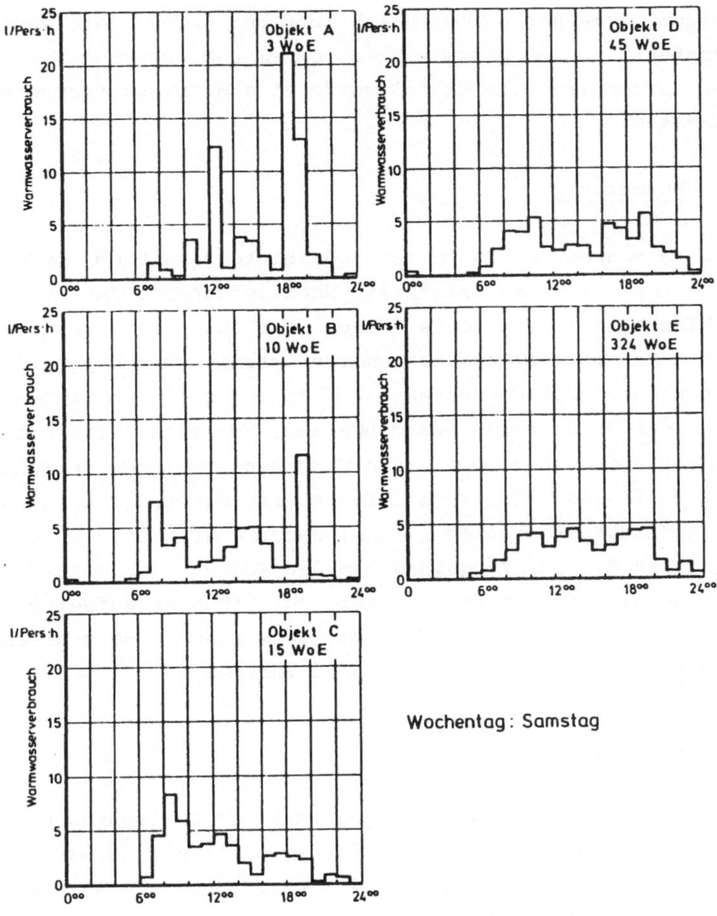

Bild 2. Tagesgang des spezifischen Warmwasserverbrauchs in Objekten unterschiedlicher Größe

zu erhalten, wurden die Werte spezifisch, d.h. bezogen auf die Personenzahl, angegeben. Auch ohne direkten Vergleich wird anhand dieser Darstellung deutlich, daß sich die Leistungsgänge mit den auffälligen Verbrauchsspitzen (Objekt A und B) nur mit geringer Wahrscheinlichkeit an gleichen Wochentagen wiederholen werden. Erst beim Objekt D, also bei etwa 45 Wohneinheiten, ist zu erwarten, daß sich der Leistungsgang für gleiche Wochentage annähernd wiederholt.

3. Objektbeschreibung

Aufgrund dieser Erkenntnisse wurde die Untersuchung des Leistungsgangs in einem Wohngebäude mit 45 Wohneinheiten durchgeführt. Zum Zeitpunkt der Messungen waren die Wohnungen mit 106 Personen belegt. Die Warmwasserversorgung des Gebäudes erfolgt zentral mit einem 3500 l fassenden Warmwasserspeicher. Die Warmwassertemperatur, die in der Zirkulationsleitung gemessen wurde, blieb auch bei großem Verbrauch annähernd konstant, so daß praktisch von einem unbegrenzten Wasservorrat ausgegangen werden kann. Im Mittel wurde eine Warmwassertemperatur von 60 °C gemessen.

4. Auswertung

Der Warmwasserverbrauch für jede einzelne Stunde wurde über einen Zeitraum von 5 Monaten ermittelt. Nachdem außergewöhnliche Tage - hierzu zählen beispielsweise Feiertage, die auf einen Wochentag fallen - aus dem Datenmaterial entfernt worden waren, wurden jeweils 15 Meßwerte, die an gleichen Wochentagen und in der gleichen Stunde gemessen wurden, zu einer Stichprobe zusammengefaßt. Von jeder Stichprobe wurde ein Mittelwert berechnet. Durch den Vergleich mit anderen Wochentagen wurde mit Hilfe des t-Tests untersucht, inwieweit die Leistungsgänge an unterschiedlichen Wochentagen voneinander abweichen. Der Vergleich hat ergeben, daß die Leistungsgänge an den Wochentagen Montag bis Donnerstag untereinander kaum signifikante Abweichungen aufweisen. Dagegen ergibt sich am Freitag - vor allem am Nachmittag - sowie am Samstag und Sonntag ein signifikant abweichender Verlauf.

5. Ergebnisse

In B i l d 3 sind die Ergebnisse der Untersuchung zusammengefaßt. An den Wochentagen Montag bis Freitag tritt der höchste Warmwasserverbrauch zwischen 18^h und 20^h auf. Die Verbrauchsspitze am Vormittag zwischen 6^h und 7^h ist im Mittel weniger ausgeprägt. Während von Montag bis Donnerstag eine Abendspitze von 350 l/h (3,3 l/h und Person) erreicht wird, liegt die Spitze am Freitag mit 420 l/h (etwa 4 l/h und Person) deutlich

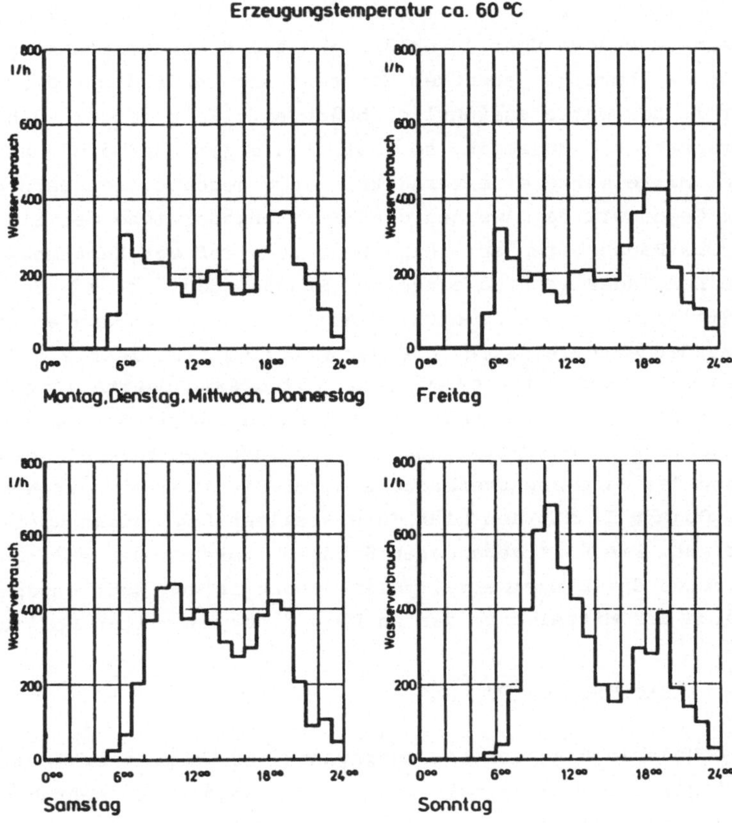

Bild 3. Tagesgang Warmwasserverbrauch (Wohnhaus mit 45 WoE, 106 Personen)

darüber. Weiterhin ist zu erkennen, daß der Verbrauch am Freitagnachmittag nach 14^h weniger abfällt und schon ab 16^h ansteigt.

Trotz dieser Abweichungen sind für die Wochentage Montag bis Freitag noch deutliche Gemeinsamkeiten im Verlauf festzustellen. Dagegen ergibt sich für das Wochenende ein gänzlich anderes Bild.

Am Samstag wird der höchste Warmwasserverbrauch nach verzögertem Anstieg am Vormittag zwischen 9^h und 11^h erreicht. Im Mittel wurde in diesen beiden Stunden ein Warmwasserverbrauch von jeweils etwa 470 l/h (4,4 l/h und Person) ermittelt. Im Gegensatz dazu liegt die oft so gefürchtete Badespitze am Samstagabend zwischen 18^h und 19^h nur bei etwa 420 l/h (4,0 l/h und Person). Die höchste Belastung der Warmwasserbereitungsanlage trat in dem untersuchten Wohnhaus jedoch am Sonntagvormittag auf. Zwischen 10^h und 11^h ergab sich aus der Stichprobe von 15 Werten ein Mittelwert von 680 l/h (6,4 l/h und Person). In dem Zeitraum von 9^h bis 11^h, also in nur 2 Stunden, wurden durchschnittlich etwa 1280 l (12 l/Person) verbraucht.

Um die Übersichtlichkeit der Darstellung zu erhalten, wurde nur der Leistungsgang der Mittelwerte aufgezeigt. Diese Darstellung enthält damit keine Aussagen über Zuverlässigkeit der eingezeichneten Werte. Im Rahmen der bereits genannten Untersuchung wurde die statistische Aussagekraft der Werte ausführlich behandelt. Faßt man die dabei gewonnenen Erkenntnisse zusammen, so läßt sich sagen, daß die Vertrauensbereiche der Mittelwerte eine verhältnismäßig geschlossene Darstellung ergeben. Im Gegensatz dazu weisen die Erwartungsbereiche der Einzelwerte bereits große Bandbreiten auf. Dies bedeutet, daß der Leistungsgang eines einzelnen Tages während einzelner Stunden deutlich von dem hier gezeigten mittleren Verlauf abweichen kann. Teilweise wurden an einzelnen Tagen Stundenwerte gemessen, die den Mittelwert um mehr als das Doppelte übertrafen. Dennoch ist es möglich, mit diesen Darstellungen den mittleren Leistungsgang des Warmwasserverbrauchs für größere Objekte näherungsweise anzugeben. Die statistische Überprüfung hat gezeigt, daß der Leistungsgang des Warmwasserverbrauchs einer Siedlung mit 324 Wohneinheiten (Bild 2, Objekt E) mit den hier dargestellten Ergebnissen weitgehend übereinstimmt. Die dort gemessenen Stundenverbrauchswerte liegen im Erwartungsbereich der Einzelwerte, meist jedoch in dem weit engeren Vertrauensbereich der Mittelwerte der in Bild 3 dargestellten Leistungsgänge.

6. Zusammenfassung

Die Untersuchung des Leistungsgangs der Warmwasserbereitung im Haushalt hat gezeigt, daß allgemein gültige Aussagen nur sehr begrenzt möglich sind. Nur bei der gemeinsamen Versorgung von vielen Wohneinheiten und bei einer weitergehenden Mittelwertbildung läßt sich für unterschiedliche Wochentage ein Verlauf darstellen, der sich an gleichen Wochentagen annähernd wiederholt. Anhand der aufgezeigten Ergebnisse sollte dennoch versucht werden, eine Vorstellung vom Leistungsgang des Brauchwarmwasserbedarfs zu vermitteln. Diese Ausführungen sollten auch zeigen, daß man bei der Verallgemeinerung seiner eigenen Lebensgewohnheiten im Hinblick auf den Warmwasserverbrauch so manche Überraschung erleben kann.

Schrifttum

[1] Ebersbach, K.F., M. Gossenberger, G.T. Layer, J. Poschenrieder, H. Schaefer, M. Wegner

Grundsätzliche Untersuchung über die Möglichkeit der Abwärmenutzung im Haushalt

LEISTUNGSGANG DER WÄRMEPUMPENANLAGE SCHELZTORSTRASSE, ESSLINGEN

von Dipl.-Ing. H. Bouillon, München

Die Flußwasserwärmepumpenanlage Schelztorstraße, Eßlingen ist seit Sommer 1976 in Betrieb. Ein umfangreiches Meßprogramm soll Aussagen über den Betrieb der Wärmepumpen und über den Energieverbrauch in der Wohnanlage ermöglichen. Ein wichtiges Kapitel aus diesem Gesamtfragenkomplex ist die Leistungsanalyse, deren bisherige Ergebnisse nachfolgend dargestellt sind.

1. Beschreibung der Anlage

Im Rahmen der Altstadtsanierung wurden beim "Projekt Schelztorstraße" in Eßlingen drei Wohnblöcke mit 192 Wohneinheiten (entsprechend 15 400 m^2 Wohnfläche) und rund 6 250 m^2 gewerblicher Nutzungsfläche errrichtet, letzteres schließt einen vollintegrierten Dienstleistungsbereich wie z.B. Selbstbedienungsladen, Arztpraxen, Restaurant, Tanzschule u.a. mit ein.

Durch die unmittelbare Lage am Roßneckarkanal und durch das wenige Kilometer flußaufwärts gelegene 400 MW-Wärmekraftwerk Altbach, das durch seine Abwärme dazu beiträgt, die natürliche Wärmedarbietung des Flußwassers zu erhöhen, ergeben sich ideale Bedingungen für die Installation einer Laufwasserwärmepumpe. Zusätzlich zur konventionellen Ölzentralheizung wurde deshalb mit Förderung durch das Bundesministerium für Forschung und Technologie eine der größten Laufwasserwärmepumpenanlagen für Raumheizung und Warmwasserbereitung in Europa geschaffen.

Die Wohnblöcke unterscheiden sich neben ihrer Größe auch im installierten Heizungssystem. Zwei der drei Gebäude (hier mit B und C bezeichnet) sind mit einer Fußbodenheizung, das andere (Block A) ist mit einer herkömmlichen Radiatorenheizung ausgestattet. Die Auslegungstemperaturen der Heizsysteme sind 110/70 °C für die Radiatorenheizung und 55/40 °C für die Fußbodenheizung. Aufgrund der niedrigeren maximal möglichen Leistung der Fußbodenheizung wurden Block B und C besser wärmegedämmt.

Der rechnerische Wärmebedarf bei einer Auslegungstemperatur von -12 °C ist T a b e l l e 1 zu entnehmen.

Block A	1020 kW
Block B und C	1170 kW
Lüftung	260 kW
Gesamt	2450 kW

Tabelle 1. Rechnerischer Auslegungswärmebedarf der Gebäude bei -12 °C

Die Warmwasserbereitung mit 7 Wasser/Wasser-Wärmetauschern (s. B i l d 1 a) ist für eine maximale Wärmeleistung von 350 kW ausgelegt. Zur Heizungs- und Warmwasserversorgung ist eine Kombination von vier Wärmepumpen und einer Kesselanlage installiert. Die Nenndaten dieser Anlagen sind in T a b e l l e 2 zusammengestellt.

	elektrischer Leistungsbedarf in kW	Wärmeleistung in kW
Wärmepumpe 1	28	85
Wärmepumpe 2	54	180
Wärmepumpe 3	60	210
Wärmepumpe 4	83	290
Wärmepumenanlage incl. Flußwasserpumpen	255	765
Ölkessel		2900

Tabelle 2. Nenndaten der Wärmepumpen und der Zentralheizungsanlage

Als Wärmequelle für die Wärmepumpen dient Flußwasser, das mit je einer Pumpe aus dem Neckarkanal in die vier Wärmetauscherbecken hochgepumpt wird. Diese Pumpen sind so gesteuert, daß sie nur parallel zu den jeweiligen Wärmepumpen in Betrieb sind. Die Wärme wird dem Flußwasser über Plattenwärmetauscher entzogen, die Abkühlung des Wassers beträgt bei einer Strömungsgeschwindigkeit von 0,3 m/s ca. 1 K.

Als Kältemittel wird in Wärmepumpe 1 und 2 R12 verwendet, die Verflüssigungstemperatur beträgt hier 60 °C. Die übrigen Wärmepumpen haben als Kältemittel R22 mit einer Verflüssigungstemperatur von 50 °C.

2. Betriebskonzept

2.1 Warmwasserbereitung

Wärmepumpe 1 versorgt die 7 dezentralen Warmwasserbereiter über einen Wasserkreislauf mit Heizwärme. Im Primärkreislauf sind zusätzlich zwei Wärmespeicher (Speichermedium ist Wasser) mit einem Inhalt von zusammen 60.000 l installiert (vgl. Bild 1a).

Die Versorgung der Wärmetauscher erfolgt wahlweise direkt von der Wärmepumpe oder von den Speichern bzw. parallel von beiden. Zu Zeiten fehlenden Bedarfs arbeitet die Wärmepumpe 1 auf die Speicher. Diese gewährleisten einen Betrieb der Wärmepumpe mit hoher Benutzungsdauer und ermöglichen überhaupt erst eine Deckung der ausgeprägten Leistungsspitzen beim Warmwasserverbrauch.

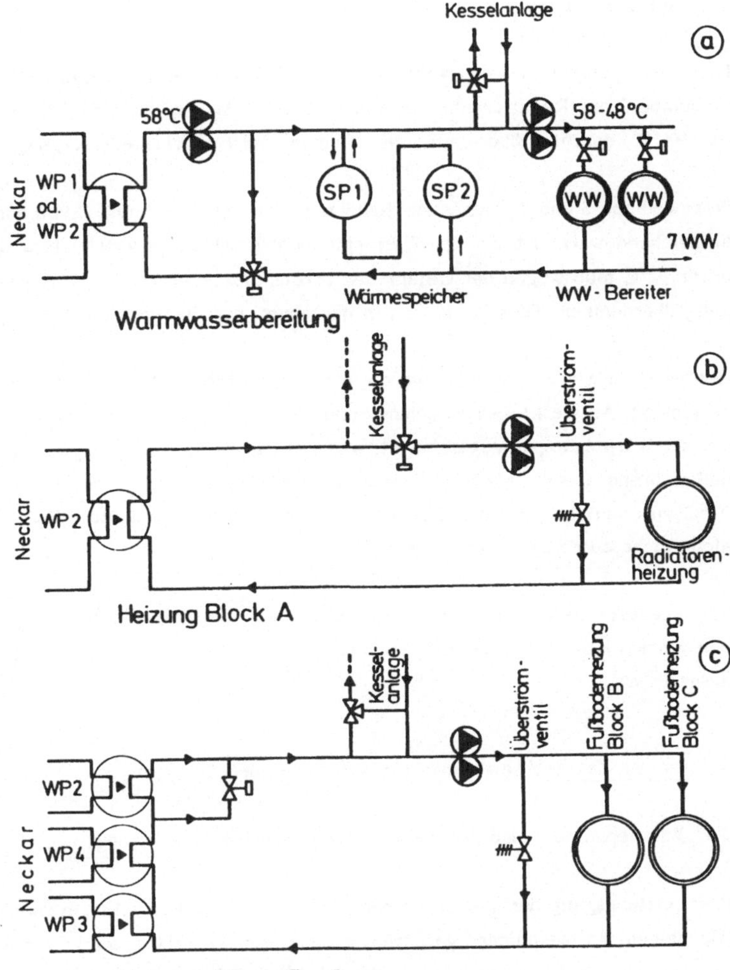

Bild 1. Schema der Wärmepumpenanlage Eßlingen

Bei Ausfall oder Revision der Wärmepumpe 1 kann Wärmepumpe 2 durch manuelle Umschaltung die Versorgung der Brauchwarmwasserbereitung übernehmen. Erst bei Flußwassertemperaturen von weniger als 3 °C, wenn die Wärmepumpen den Betrieb wegen der Gefahr der Verdampfervereisung einstellen müssen und die Wärmespeicher leergefahren sind, übernimmt die konventionelle Ölkesselanlage die Versorgung der Warmwasserbereitung.

Die Betriebserfahrungen der ersten Heizperiode haben gezeigt, daß Wärmepumpe 1 sehr knapp dimensioniert ist, so daß im Winter bei dem saisonbedingten höheren Warmwasserverbrauch und den etwas niedrigeren Arbeitszahlen der Wärmepumpe der Energiebedarf u.U. nicht mehr voll gedeckt werden kann. Andererseits fällt Wärmepumpe 2 während dieser Zeit für die Heizwärmeversorgung aus, wie im nächsten Abschnitt noch näher erläutert wird. Aus diesem Grund wurde das ursprüngliche Betriebskonzept dahingehend geändert, daß im Winter Wärmepumpe 2 allein die Warmwasserbereitung übernimmt.

2.2 Heizungsbetrieb

Die Wärmepumpen 2, 3 und 4 werden in der Regel zur Raumheizung eingesetzt. Dabei versorgt Wärmepumpe 2 das Radiatorenheizsystem von Block A. Dies ist möglich bis zu Außentemperaturen von ca. 10 °C, darunter übernimmt der Ölkessel die Heizwärmeversorgung.

Wärmepumpe 3 und 4 reichen zur Beheizung der Gebäude B und C voll aus, sofern nur das Flußwasser ausreichend warm ist um den Wärmepumpenbetrieb zu gewährleisten. Bei Flußwassertemperaturen unter 3 °C muß wegen der Gefahr der Verdampfervereisung die Ölzentralheizung die Wärmeversorgung übernehmen. Dies ist jedoch in der Regel nur an sehr wenigen Tagen im Jahr der Fall.

Aus wirtschaftlichen Gründen wurde mit dem zuständigen EVU eine Abschaltung der Wärmepumpen vereinbart. An Werktagen zwischen 7 und 9 Uhr, der Spitzenbelastungszeit der Stromversorgung, werden die Wärmepumpen abgeschaltet; was sich auf den Stromtarif günstig auswirkt. Um zu vermeiden, daß während dieser Zeit der Ölkessel in Betrieb geht, wurde dieser bis zu Außentemperaturen von 9 °C automatisch gesperrt. Die Wärmepumpen haben somit stets Vorrang, erst wenn ihre Leistung nicht mehr ausreicht, schaltet sich die Ölheizung zu.

Im Gegensatz zu Wärmepumpe 1, die unabhängig vom direkten Wärmebedarf stets mit Vollast betrieben werden kann, sind die Wärmepumpen 2, 3 und 4 mit einer Stufenregelung für den Teillastbetrieb ausgerüstet.

3. Analyse des Leistungsgangs der Wärmepumpen

3.1 Wärmepumpe 1 und Wärmepumpe 2 (Warmwasserbereitung)

Der Leistungsgang der Wärmepumpen 1 und 2 wird im wesentlichen vom Aufbau der Anlage geprägt. Die beiden Wärmespeicher garantieren einen gleichmäßigen und kontinuierlichen Betrieb. Der Gang des täglichen Stromverbrauchs von Wärmepumpe 1 (vgl. Bild 2) zeigt einen vergleichsweise konstanten Verlauf, der nur an den Wochenenden aufgrund der um 2 h längeren möglichen Betriebszeit Maxima aufweist. Wärmepumpe 2 liegt im Mittel rund 200 kWh/d höher, dies ist einerseits auf den saisonal bedingt höheren Warmwasserverbrauch zurückzuführen, andererseits sind die Tagesarbeitszahlen durch niedrige Flußwassertemperaturen und durch den Teillastbetrieb dieser Wärmepumpe etwas ungünstiger. Das am 18.1.1978 aufgetretene Maximum ist nicht auf extremen Warmwasserverbrauch zurückzuführen, sondern erklärt sich aus der Tatsache, daß die Wärmeverluste der Speicher während des vorausgegangenen mehrtägigen Wärmepumpenstillstands ausgeglichen werden mußten.

Aus der Häufigkeitsverteilung der mittleren Stundenleistungen in Bild 3 erkennt man, daß Wärmepumpe 1 in der Regel stets mit Vollast - 32 kW - läuft, während Wärmepumpe 2 bei einer elektrischen Leistungsaufnahme von 33 kW nur mit Teillast läuft.

Einer detaillierte Untersuchung des Tageslastganges ergab konstante Belastungsverhältnisse über den ganzen Tag mit einer kleinen Häufigkeitsspitze der Vollast gegen Mittag und am Abend in der Zeit von 18 bis 21.00 Uhr.

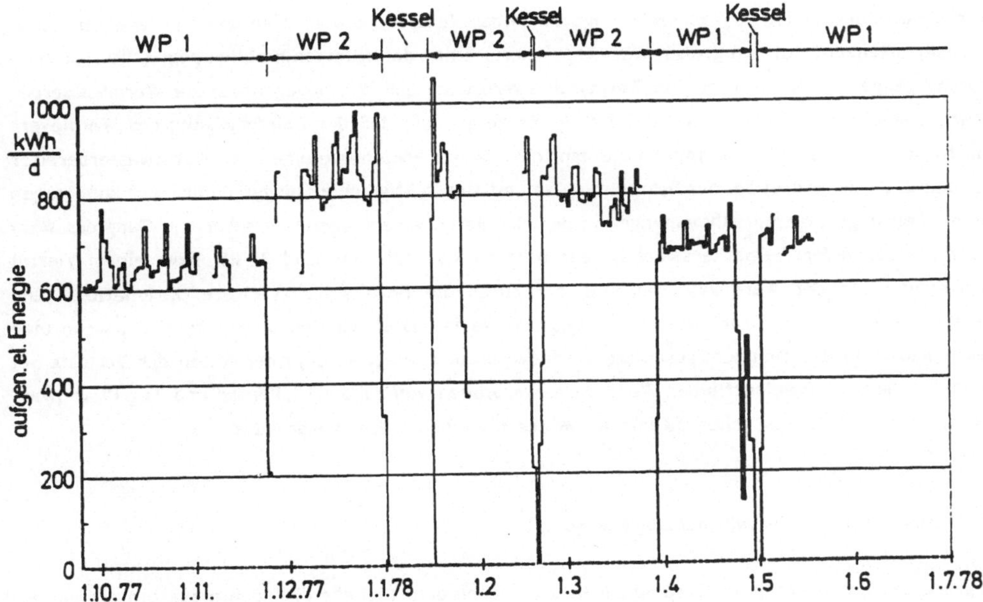

Bild 2. Gang des täglichen elektrischen Energieverbrauchs zur Warmwasserbereitung, Wärmepumpe 1, 2 (25.9.1977 - 30.6.1978)

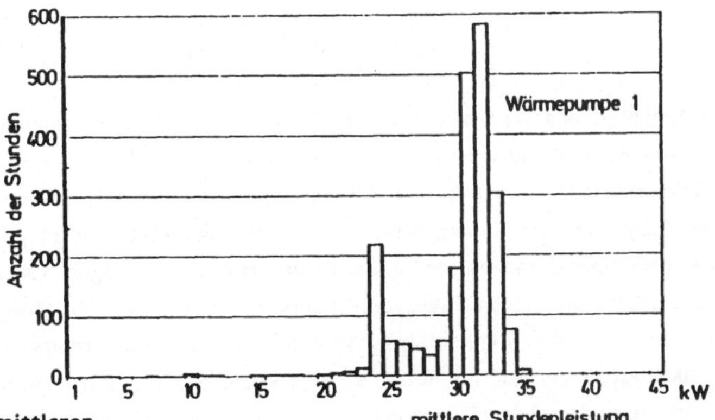

Bild 3. Häufigkeit der mittleren Stundenleistung von Wärmepumpe 1 und 2 (Warmwasserbereitung)

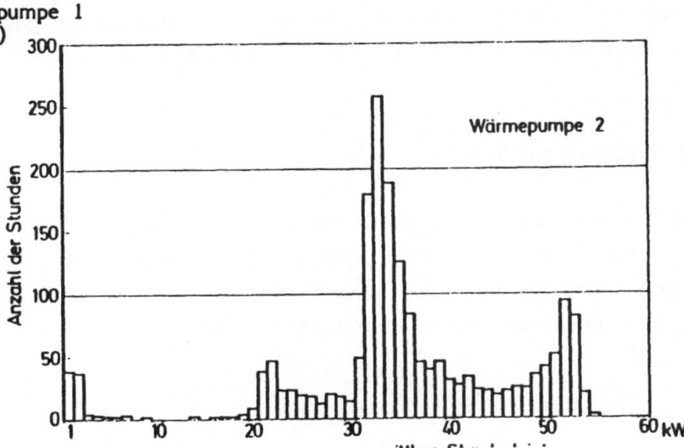

Diese Charakteristik ist zum einen bedingt durch das Verbraucherverhalten und zum anderen durch das Anlagenkonzept mit den großen Wärmespeichern. Einen detaillierten Einblick geben die typischen Leistungsgänge für sieben Tage von Warmwasserverbrauch und Wärmeverbrauch zur Warmwasserbereitung von einem Wohnblock in Bild 4. Es zeigt sich, daß der Leistungsgang des Wärmeverbrauchs dem der Warmwasserentnahme entspricht, da das Speichervolumen der Warmwasserbereiter mit rund 275 l zumindest bei der Betrachtung von mittleren Stundenleistungen nicht mehr zum tragen kommt. Selbst geringe Entnahmemengen in den Nachtstunden schlagen sich sofort im Gang des Wärmeverbrauchs nieder. Bemerkenswert ist der hohe Grundanteil von rund 25 kW bzw. einem Viertel der Nennleistung der Warmwasserbereiter der durch die Bereitschaftsverluste (Zirkulations- und Oberflächenverluste der Warmwasserbereiter) bedingt ist. Dies wird besonders deutlich, wenn man diese Verluste in Relation zum gesamten Wärmeverbrauch setzt. So liegt der Anteil der Verluste bei einem durchaus durchschnittlichen Warmwasserverbrauch von rund 40 l/Person und Tag (Warmwassertemperatur 55 °C) zwischen 50 und 60 % des täglichen Wärmeverbrauchs.

3.2 Wärmepumpe 2 (Heizwärmebedarfsdeckung)

Aufgrund des besonders guten Zusammenhangs zwischen dem täglichen Heizwärmeverbrauch und der mittleren täglichen Außentemperatur entspricht der Gang des täglichen Stromverbrauchs von Wärmepumpe 2 weitgehend dem Temperaturgang, so daß sich der Zusammenhang

$$W_{WP2} = 2147 \text{ kWh/d} - 116 \text{ kWh/d }^{\circ}\text{C} \cdot \vartheta_A \pm 165 \text{ kWh/d}$$

ergibt. Entsprechend zeigt sich auch der Gang der mittleren Stundenleistung, der sich ebenfalls stark an den Außentemperaturgang anlehnt. Dies wird aus Bild 5 deutlich, das diesen Leistungsgang für 8 Tage zeigt. Dabei wurde eine 8-Tagessequenz ausgesucht, die von besonderem Interesse ist. Wie aus den Ganglinien der Außentemperatur zu entnehmen ist, sind es jene Tage, die den Grenzbereich des Wärmepumpeneinsatzes darstellen. In den ersten fünf Tagen wiederholt sich der übliche Tagesgang bei unterschiedlichen Tagesverbräuchen mit der jeweiligen Morgen- und Abendspitze und den Abschaltzeiten an den Wochentagen. An den Tagen mit Außentemperaturen unter 10 °C ist die Vor- bzw. Rücklauftemperatur im Heizsystem so hoch, daß die Wärmepumpe theoretisch keinen Beitrag mehr zur Heizwärmebedarfsdeckung leisten kann. Daß sie teilweise trotzdem zum Einsatz kommt, erklärt sich aus der Nachtabsenkung, die es der Wärmepumpe ermöglicht mit ihrem maximalen Temperaturniveau von ca. 55 °C zur Wärmebedarfsdeckung beizutragen.

3.3 Wärmepumpen 3 und 4

Wie bereits erwähnt, versorgen die Wärmepumpen 3 und 4 das Niedertemperaturheizsystem zweier Wohnblöcke. Das etwas kleinere Aggregat (Wärmepumpe 3) deckt dabei den Grundbedarf, was zur Folge hat, daß es annähernd den ganzen Tag mit Vollast läuft, lediglich nach 21 Uhr, also nach Beginn der Nachtabsenkung, ist eine Abschaltung bzw. ein Teillastbetrieb zu erwarten.

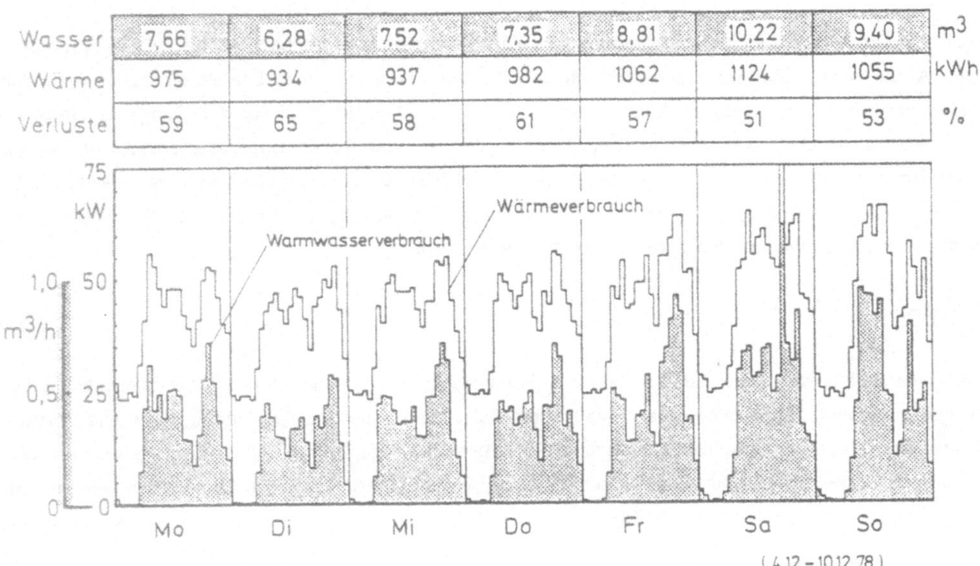

Bild 4. Gang der mittleren Stundenleistung des Wärmeverbrauchs zur WWB, Gang des WW Verbrauchs Block A (Eßlingen, Schelztorstraße)

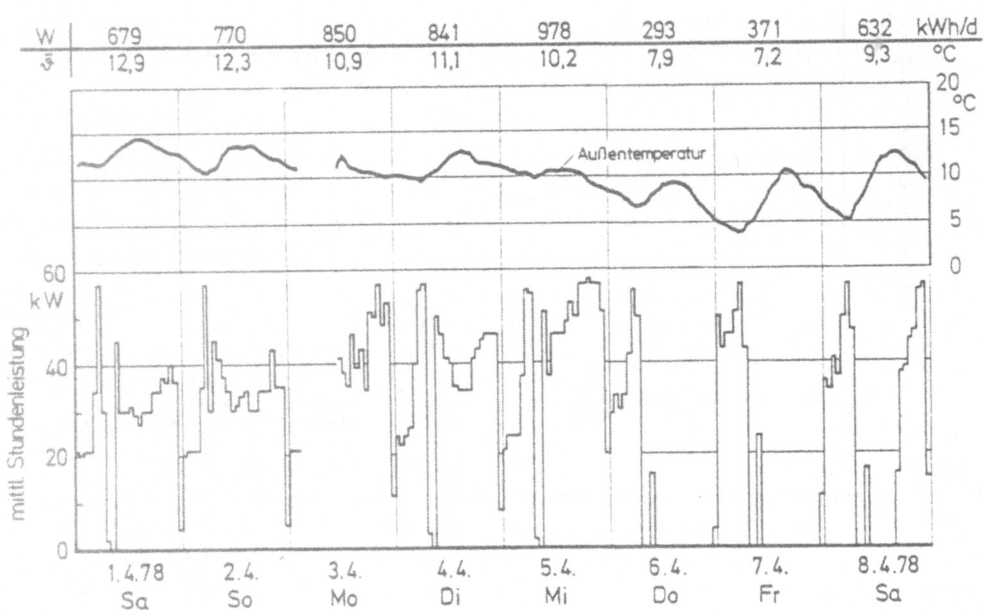

Bild 5. Gang der mittleren Stundenleistung des Stromverbrauchs von Wärmepumpe 2 und der Außentemperatur (Eßlingen, Schelztorstraße) (1.4.1978 - 9.4.1978)

Anders dagegen verhält sich die Auslastung von Wärmepumpe 4, welche hauptsächlich in der morgentlichen Aufheizphase zur Spitzenlastdeckung mit Vollast betrieben wird. Die Vollastbetriebsstunden nehmen natürlich mit sinkender Außentemperatur zu. Somit ergibt sich für den Gang des täglichen Stromverbrauchs beider Wärmepumpen ein Verlauf, der dem der Außentemperatur entspricht. Daraus ermittelte sich für die mittlere Stundenleistung der elektrischen Energieaufnahme eine Jahresdauerlinie wie sie in Bild 6 dargestellt ist. Die vier Stufen bei 25, 55, 75 und 140 kW erklären sich aus den verschiedenen Leistungsstufen der Wärmepumpen.

4. Resümee

Abschließend läßt sich sagen, daß sich der Leistungsgang von Wärmepumpen hinreichend exakt beschreiben, nachvollziehen oder sogar voraussagen läßt, sofern nur die Randbedingungen und Einflußfaktoren des Wärmepumpeneinsatzes bekannt sind. Diese Aussage kann durchaus verallgemeinert werden, wie es in diesen Ausführungen versucht wurde. Wärmepumpen gehören also zu den wenigen gut berechenbaren Verbrauchern der EVU's.

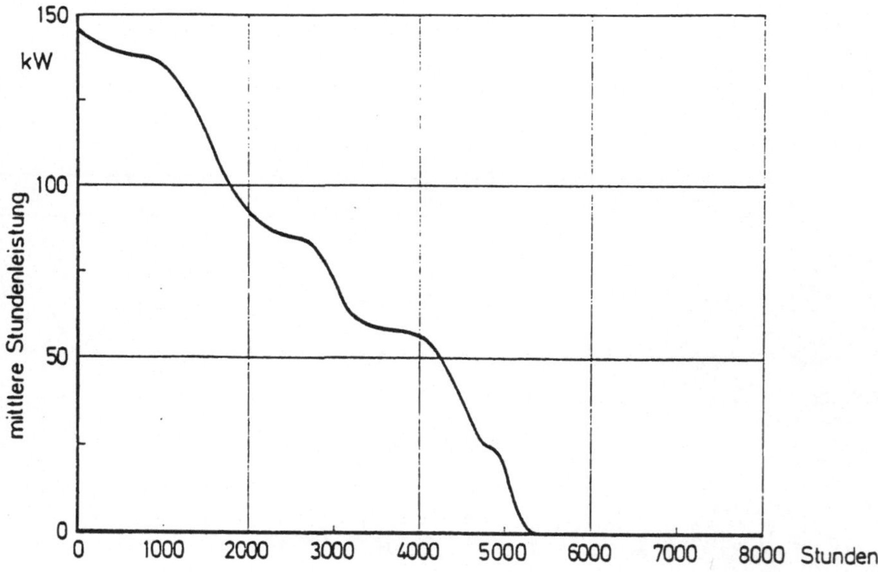

Bild 6. Jahresdauerlinie der mittleren Stundenleistung des Stromverbrauchs, Wärmepumpe 3 und 4

STRUKTUR UND ANALYSE DES LEISTUNGSBEDARFES IM KLEINVERBRAUCH

von Dr.-Ing. B. Geiger, München

Aussagen über Entwicklungen im Energiebedarf einzelner Sektoren oder typischer Verbrauchergruppen erfordern eine detaillierte Kenntnis relevanter Entwicklungslinien ökonomischer, struktureller und technologischer Merkmale.

Sachgerechte Angaben über den Energieverbrauch im Kleinverbrauch und über die Energiebedarfsarten dieses Verbrauchersektors oder einzelner Betriebsgruppen bedingen dabei einen breiten Kenntnisstand.

Unter diesem Aspekt muß heute eine Analyse des Leistungsbedarfes im Kleinverbrauch gesehen werden, die eine breite Fülle an Informationen über saisonale, werktägliche, stündliche und u.U. viertelstündliche energetische Betriebscharakteristika erfordert. Dem sind heute noch enge Grenzen gesetzt, da hier außerordentlich aufwendige Untersuchungen notwendig werden.

Die Frage nach der Notwendigkeit solcher Untersuchungen und Kenntnisse über den Leistungsbedarf an bestimmten Energieträgern oder Bedarfsarten liegen in der Bedeutung des Kleinverbrauchs begründet. Rund 20 % des Endenergie- und des Stromverbrauches, etwa 35 % des gesamten Raumheizbedarfs und schätzungsweise 15 % des gesamten Prozeßwärmebedarfes in der Bundesrepublik Deutschland werden vom Kleinverbrauch benötigt.

Schließlich liefert der Bedarfsgang grundlegende und notwendige Informationen über

- Dimensionierung und Auslastung von Anlagen
- energetisch sinnvolle Betriebsweise und Betriebsführung von Anlagen
- mögliche Maßnahmen des rationellen Energieeinsatzes durch Wärmerückgewinnung oder Verlustminderung
- wirtschaftlich optimale Auslegung der betrieblichen Energieversorgung.

Gerade die Erwägung von Maßnahmen des rationellen Energieumsatzes, die nach wie vor von aktuellem Interesse sind, erfordern eine genaue Kenntnis betrieblicher Abläufe und hieraus resultierende Energiebedürfnisse. Erst der Zeitgang des Bedarfes läßt die Möglichkeiten aber auch die Grenzen einer besseren Energienutzung erkennen. Leistungsbedarf und Leistungsgang der eingesetzten Energieträger oder der verschiedenen Bedarfsarten müssen demnach bekannt sein, will man realistische Aussagen über Potentiale für eine bessere Energienutzung erarbeiten. Der Kleinverbrauch mit seiner vielfältigen Struktur erfordert hierbei ein intensives Befassen mit den einzelnen, unter Umständen typisierbaren Verbrauchergruppen.

Erfassen und Messen ist somit unumgänglich. Hierzu müssen von jeder interessierenden Verbrauchergruppe 10 bis 20 Betriebe relativ grob, und 2 bis 3 Betriebe sehr eingehend analysiert werden. Am

Beispiel des Handels und gewerblicher Betriebe kann gezeigt werden, welche typischen Bedarfsarten nach Höhe und Zeitpunkt des Auftretens von Bedeutung sind.

So ergibt sich für einen als repräsentativ anzunehmenden Großmarkt, daß vom jährlichen Energieverbrauch etwa 35 % auf den Brennstoffeinsatz zur Heizwärme- und Warmwasserversorgung und 65 % auf den Einsatz elektrischer Energie entfallen. Eine Analyse des monatlichen Energiebedarfes, verstanden als Bedarf an Wärme, Licht und Kraft ist links in B i l d 1 dargestellt.

Wichtig ist hier die Erkenntnis, daß

- mit Ausnahme des Heizwärmebedarfes der Bedarf an Licht, Kraft und Warmwasser keine saisonale Abhängigkeit aufweist,
- vom gesamten elektrischen Energiebedarf der Bedarf an Licht die dominierende Bedarfsart ist,
- mit dem ausgesprochen intensiven Beleuchtungsstromverbrauch ein erheblicher Teil des Heizwärmebedarfes abgedeckt wird.

Verdeutlicht wird dies etwas idealisiert im rechten Bildteil, in dem der elektrische Leistungsgang an einem Wochentag dargestellt ist:

- Hauptanteil stellt hier der Lichtbedarf dar, der über die gesamte Verkehrszeit zwischen 7 und 21 Uhr ein konstantes Leistungsband liefert.
- Dem Kraftbedarf - hauptsächlich durch den Kältebedarf verursacht, der mit Einschalten der Klimaanlage in der Verkehrszeit merklich zunimmt - ist der Prozeßwärmebedarf der Küche überlagert.

Licht- und Kältebedarf bestimmen so weitgehend die Auslastung beim Bezug elektrischer Energie. So wird eine Jahresbenutzungsdauer von fast 4200 h/a erreicht, während die Ausnutzungsdauer bei rund 2600 h/a liegt. Die Ausnutzungsdauer der installierten Lichtleistung beträgt etwa 3600 h/a, die der installierten Leistung der Prozeßwärmeanlagen etwa 1000 h/a, während die installierte Leistung der Antriebe eine Ausnutzungsdauer von etwa 1900 h/a aufweist.

Im Bereich des Einzelhandels finden sich bei Lebensmittelgeschäften qualitativ ähnliche Verhältnisse. Entsprechend der Darstellung in B i l d 2 links gilt:

- eine saisonale, bzw. Temperaturabhängigkeit ergibt sich hauptsächlich beim Heizenergiebedarf, in geringfügigem Umfang jedoch auch beim Kältebedarf,
- der elektrische Energiebedarf mit einem Anteil von über 50 % am gesamten Energieverbrauch wird durch den Bedarf an mechanischer Energie geprägt.

Weiteren Aufschluß über den elektrischen Energie- und Leistungsbedarf gibt der rechte Bildteil mit einem für einen Wochentag typischen Leistungsgang. Er wird charakterisiert durch:

- ein relativ konstantes Lastband über die gesamte Tageszeit, wenn man von einer geringfügigen Erhöhung des Kältebedarfes zur Verkehrszeit absieht,
- einen konstanten Lichtleistungsbedarf während der Verkehrszeit von 7.30 bis 19.00 Uhr. Lediglich bei Läden, die über Mittag geschlossen haben, sinkt die Lichtbedarfsleistung stark ab.

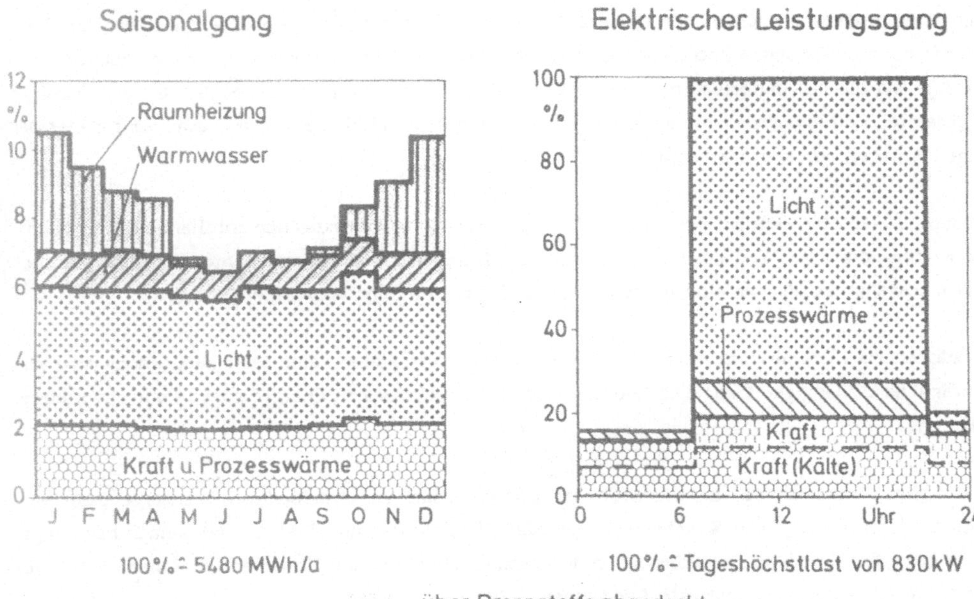

Bild 1. Saisonalgang der Energiebedarfsarten und elektrischer Leistungsgang eines Großmarktes

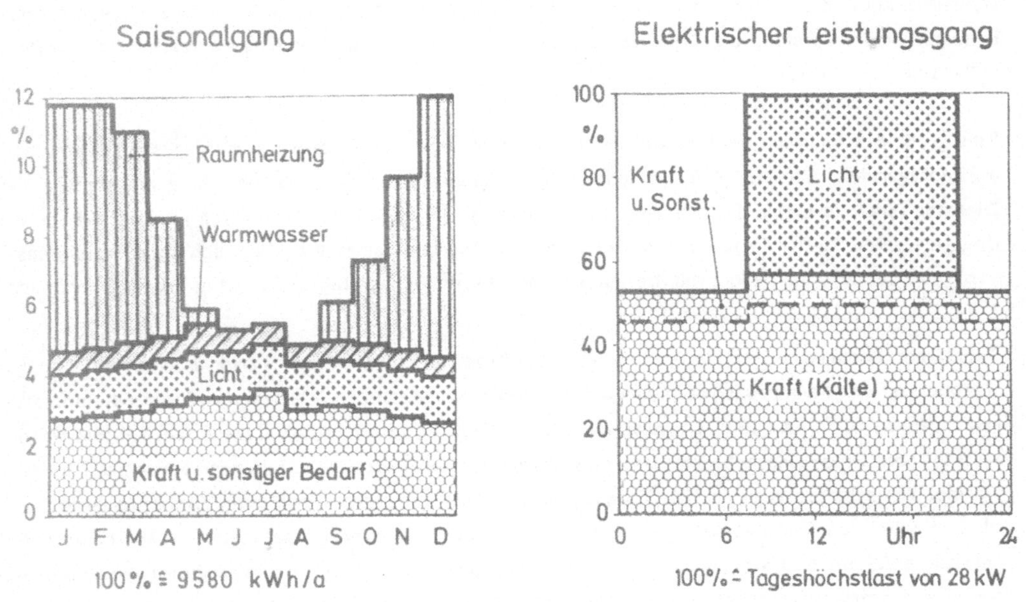

Bild 2. Saisonalgang der Energiebedarfsarten und elektrischer Leistungsgang eines Lebensmittelgeschäftes

Bedingt durch den kontinuierlichen Kältebedarf wird eine Jahresbenutzungsdauer von ebenfalls über 4000 h/a beim elektrischen Energiebezug erreicht. Obwohl die Ausnutzungsdauer der Beleuchtung bei 2300 h/a und die der motorischen Antriebe für die Kälteversorgung gar bei 5000 h/a liegt, erreicht die gesamte Ausnutzungsdauer hier nur einen Wert von etwa 1700 h/a, da die Ausnutzungsdauer der übrigen Anlagen nur 400 h/a beträgt.

Von besonderem Interesse ist hier die mit der Kälteerzeugung kontinuierlich anfallende Kältemaschinenabwärme, die einen Teil des Niedertemperaturwärmebedarfs abdecken könnte. Bedarfs- wie auch Verbrauchsgang bieten hier eine günstige Voraussetzung für eine Abwärmenutzung.

Bei Wäschereien ist im Gegensatz zu den vorgenannten Beispielen keine saisonale, jedoch eine wochentägliche Abhängigkeit gegeben und der Bedarf an elektrischer Energie ist von untergeordneter Bedeutung.

B i l d 3 links zeigt den unterschiedlichen Energiebedarf an verschiedenen Werktagen, der vornehmlich durch die tägliche Wäschemenge geprägt wird. Montag und Freitag sind danach bevorzugte Waschtage. Der Prozeßwärmeverbrauch zum Waschen, Reinigen und Trocknen mit einem Anteil von über 80 % ist dabei die wichtigste Bedarfsart.

Der zugehörige Stundenleistungsgang von Wärmebedarf und elektrischer Energie dieser Wäscherei für einen Donnerstag ist rechts in Bild 3 dargestellt. Prozeß-, Kraft- und Warmwasserbedarf weisen ihren höchsten Leistungsbedarf zum etwa gleichen Zeitpunkt auf.

Gemessen am Bedarf Prozeßwärme sind die Einflüsse des Kraft-, Licht- und Warmwasserbedarfes nahezu vernachlässigbar. Der Leistungsbedarf und sein Profil werden hier hauptsächlich durch die Prozeßwärme bestimmt.

Eine große Abhängigkeit des Energie- und Leistungsbedarfes von Wochentag und Tageszeit findet man bei Metzgereien. Wie B i l d 4 links zeigt, bedingen Schlacht- und Fleischtag am Montag und Dienstag einen geringen, die typischen Warmwursttage Mittwoch und Donnerstag einen relativ hohen Energieverbrauch. Der Prozeßenergiebedarf am Freitag und Samstag erklärt sich als energieintensiver Rauchbetrieb, der jedoch häufig auch an den Tagen Donnerstag und Freitag durchgeführt wird.

Wichtigste Bedarfsart ist die Prozeßwärme, gefolgt vom Kraft- und Warmwasserbedarf. Da der Warmwasser- und der Prozeßwärmebedarf im Niedertemperaturbereich liegen und Prozeßtemperaturen zwischen 40 °C und 100 °C benötigt werden, scheint es auch hier naheliegend, ein Teil des Warmwasser- oder Prozeßwärmebedarfes durch Nutzung der kontinuierlich anfallenden Kältemaschinenabwärme, Temperaturniveau ca. 40 °C, abzudecken. Dies wäre jedoch nur unter Einbezug eines Speichers möglich, da Warmwasser- und Prozeßwärmebedarf mit je nach Tageszeit unterschiedlicher Intensität anfallen. Bild 4 rechts zeigt hierzu den Tagesleistungsgang für die einzelnen Bedarfsarten, wobei sich stark ausgeprägte Spitzen beim Warmwasser- und beim Prozeßwärmebedarf finden. Da es sich bei dem untersuchten Betrieb um eine allelektrisch versorgte Metzgerei handelt, die lediglich die Warmwasserbereitung in die Niedertarifzeit legt, entspricht der Bedarfsgang für Kraft und Licht sowie für Prozeßwärme auch dem elektrischen Leistungsbedarf.

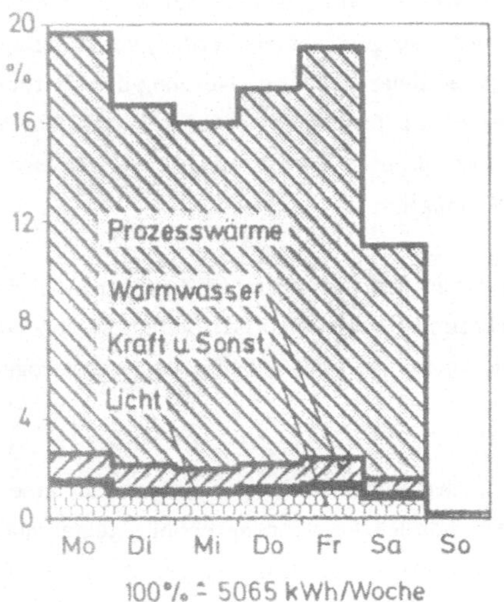

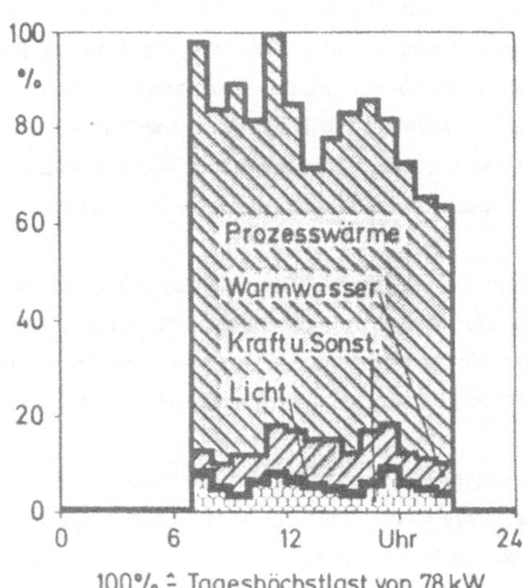

über Brennstoffe abgedeckt

Bild 3. Wochen- und Tagesgang der Energiebedarfsarten einer Wäscherei

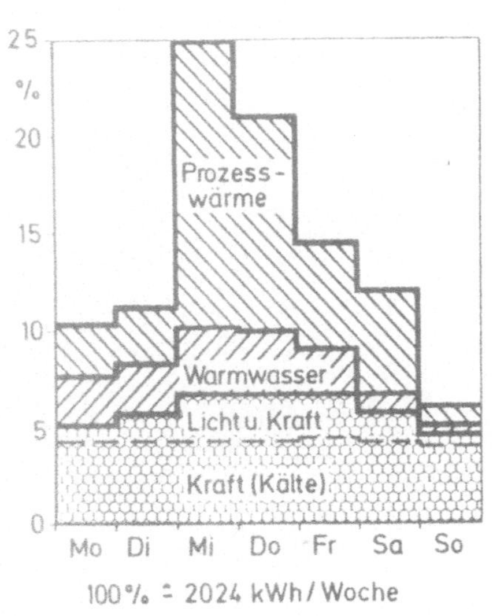

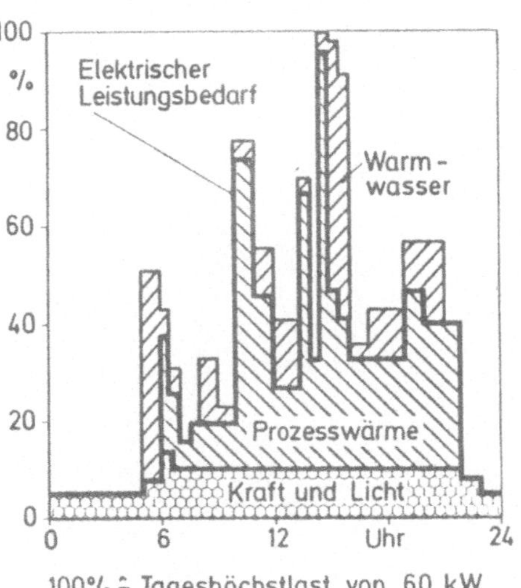

Bild 4. Wochen- und Tagesgang der Energiebedarfsarten einer Metzgerei

Eine teilweise Prozeßwärmeabdeckung durch Nutzung der Kältemaschinenabwärme muß jedoch - bedingt durch den hierbei erforderlichen hohen spezifischen Wärmeleistungsbedarf der prozeßtechnischen Anlagen wie Kochkessel, Heißrauch oder Kombikammer - ausgeschlossen werden, so daß lediglich eine Abdeckung des Warmwasserbedarfes diskutabel ist. So ließe sich durch Nutzung der kontinuierlich anfallenden Kältemaschinenabwärme und Einsatz eines als Tagesspeicher ausgelegten Warmwasserspeichers fast 50 % des Warmwasserbedarfes abdecken, da eine Vorwärmung von Kaltwassertemperatur ca. 12 °C auf eine Temperatur von ca. 35 °C möglich ist.

Eine weitergehende Nutzung der Kältemaschinenabwärme ist in den Sommermonaten nicht möglich, da kein weiterer abdeckbarer Niedertemperaturwärmeverbraucher vorhanden ist. Lediglich während der Heizperiode könnte die restliche Abwärme zur Abdeckung des Heizwärmebedarfes herangezogen werden, sofern ein geeignetes Heizsystem vorhanden ist.

Zeitgang des Bedarfes und die Kenntnis der zeitlich anfallenden Abwärmemengen liefern hier einerseits die Grundlagen für eine Dimensionierung der erforderlichen Rückgewinnungtechnik, zeigen aber auch andererseits die Grenzen praktisch realisierbarer Abwärmenutzung auf.

Nur durch mikroanalytische Betrachtung des Leistungsganges der einzelnen Bedarfsarten kann so ein konkretes und realistisches Potential an einsparbarer Energie ermittelt werden.

LEISTUNGS- UND ENERGIEBEDARFSOPTIMIERTER EINSATZ EINER EISSPORT-KÄLTEANLAGE MIT ABWÄRMENUTZUNG

von Dipl.-Ing. K. Jensch, München

1. Einführung

Das Forschungs- und Demonstrationsobjekt Wiehl ist in der Öffentlichkeit vor allem durch die große Solarkollektoranlage bekannt, die zur Wärmeversorgung des dortigen Freibades eingesetzt wird. Daneben wird jedoch eine Reihe interessanter Maßnahmen erprobt, die eine Optimierung des Energieeinsatzes zum Ziel haben.

Bei einer im Rahmen dieses Projektes errichteten Mehrzweckhalle, die man aufgrund des guten Publikumszuspruchs inzwischen fast ganzjährig als Eissporthalle verwendet, wird die Abwärme der Kältemaschinen genutzt. Der folgende Bericht soll anhand einiger Beispiele zeigen, welche Vorteile, aber auch welche Probleme ein derartiges Wärmerückgewinnungssystem vor allem im Hinblick auf das Tagungsthema Leistungsbedarfsdeckung mit sich bringt.

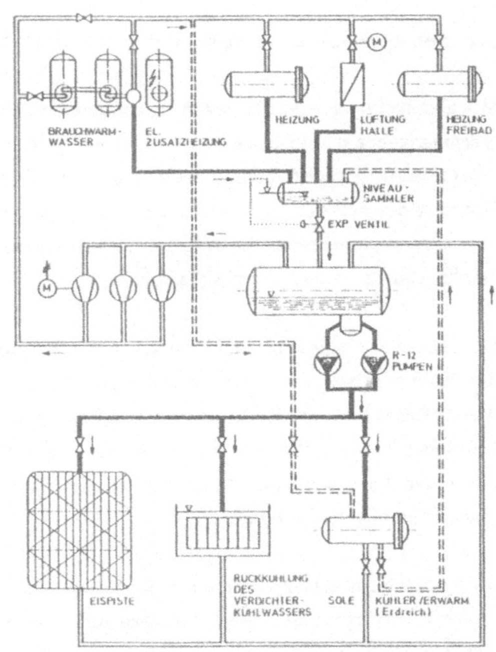

Bild 1. Schema der Wärmepumpenanlage (Kälteanlage) Mehrzweckhalle Wiehl

2. Anlagenbeschreibung

In Bild 1 ist das vereinfachte Schema der Anlage dargestellt. Die Kälteanlage in der Mehrzweckhalle dient primär der Kälteerzeugung für die Eislaufpiste. Die bei diesem Prozeß gewonnene Wärme wird zur Warmwasserbereitung, Raumheizung (Fußbodenwarmwasserheizung und Lüftung der Nebenräume), Hallenlufterwärmung und soweit erforderlich zur Schwimmbaderwärmung verwendet. Außerdem stehen vier Erdreichwärmetauscher zur Verfügung, die sowohl als zusätzliche Wärmequelle als auch als Wärmespeicher dienen können. Da durch das Kühlwasser der Kältemittelkompressoren zusätzliche Abwärme anfällt, erschien es sinnvoll auch diese Energie zu nutzen, indem sie über Wärmetauscher (Verdampfer) in den Kältemittelkreislauf zurückgeführt wird.

Wie das Schaltbild andeutet, lassen sich mit dieser Anlage sehr unterschiedliche, entsprechend den Anforderungen modifizierte Betriebsweisen realisieren.

3. Betriebsweisen

3.1 Normalbetrieb

Der Normalbetrieb sieht die Eispiste und das Kompressorkühlwasser als Wärmequelle und die Warmwasserbereitung, Raumheizung (Fußbodenheizung einschl. Pistenuntergrundheizung) und die Hallenlüftung als Verbraucher vor. Die Wärmepumpenanlage ist aus drei einzelnen Aggregaten aufgebaut. Drei Elektromotoren mit je 110 kW Anschlußleistung treiben über Keilriemen die Kolbenkompressoren an, wobei jeder in Stufen von 25 % regelbar ist.

3.2 Betriebsweise bei erhöhtem Wärmebedarf

Mit abnehmender Außentemperatur steigt einerseits der Wärmebedarf an, andererseits nimmt das Abwärmeangebot der Eispiste stark ab. Dies führt an sehr kalten Wintertagen dazu, daß die abgegebene Wärmeleistung nicht mehr ausreicht um den Wärmebedarf zu decken. Deshalb ist eine zusätzliche Nutzung des Erdreichs als Wärmequelle erforderlich. Dabei sind je nach Wärmebedarf und gegebenen, fortlaufend gemessenen Erdreichtemperaturen bis zu vier Wärmetauschersysteme mit einer Gesamtfläche von ca. 4.500 m^2 zuschaltbar.

Ein ähnliches Ungleichgewicht zwischen Wärmebedarf und Abwärmeanfall liegt im Frühjahr zu Beginn der Freibadsaison vor. Hier ist zur erstmaligen Schwimmbaderwärmung (ca. 2.600 m^3 bei 1.500 m^2 Wasserfläche) ein großer Leistungs- und Energiebedarf erforderlich, der weder durch die Solarkollektoranlage noch durch die Wärmepumpenanlage in Normalbetriebsweise trotz erhöhtem Abwärmeangebot gedeckt werden kann. Auch hier ist wiederum Erdreichwärmenutzung nötig, um die erforderliche Wärmeleistung zu erreichen.

Diese Betriebsweise kommt auch dann zum Tragen, wenn in den Sommermonaten während längerer Schlechtwetterperioden hohe Wärmeverluste des Schwimmbades auftreten und durch die Kollektoranlage nur ein geringer Energiegewinn zu erzielen ist. Wie sich im letzten Sommer zeigte, reicht bei diesen Außenbedingungen das Wärmeangebot im Normalbetrieb nicht aus, um die vorgeschriebenen Wassertemperaturen zu halten, so daß auch hier Erdreichwärmenutzung erforderlich ist.

3.3 Betriebsweise bei erhöhtem Abwärmeangebot

Mit steigenden Außentemperaturen sinkt einerseits der Wärmebedarf, andererseits nimmt der Abwärmeanfall aus der Eispiste stark zu. Dies führt sowohl außerhalb der Freibadsaison als auch während der Sommermonate bei normalen und extremen "sommerlichen" Außenbedingungen dazu, daß ein Wärmeüberschuß entsteht, der zur Einhaltung der erforderlichen Eistemperatur abgeführt werden muß.

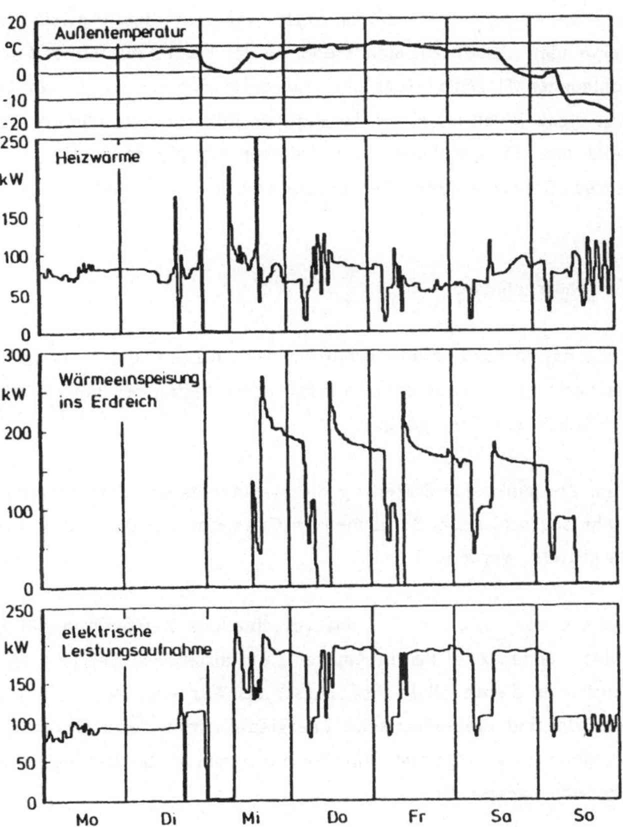

Bild 2. Leistungsganglinien der Kälteanlage Wiehl vom 25.12. bis 31.12.1978

3 m³ abgibt. Zusätzlich oder auch alternativ kann Warmwasser im dritten Speicher über eine elektrische Zusatzheizung erzeugt werden. Für diesen Fall sind in B i l d 3 im unteren Teil der Leistungsgang der Warmwasserwärme - bezogen auf Kaltwassertemperatur - und im mittleren Teil die elektrische Leistungsaufnahme des Warmwasserspeichers für die letzte Dezemberwoche dargestellt.

Während der Warmwasserverbrauch durch einige wenige ausgeprägte Spitzen gekennzeichnet ist, die sich durch den Duschwasserverbrauch in den Umkleidekabinen und durch das Auffüllen des Eishobelfahrzeugs mit Warmwasser ergeben, zeigt der Gang der elektrischen Leistungsaufnahme mehrere, wesentlich niedrigere Blöcke pro Tag. Es wird deutlich, daß besonders bei Warmwasserbereitung durch die Kältemaschinen, nur der Einsatz von Speichern eine leistungsorientiert sinnvolle Fahrweise gewährleistet.

Im oberen Teil des Bildes sind neben dem Energieinhalt des entnommenen Warmwassers und dem elektrischen Energieverbrauch auch die aufgetretenen Verluste (Zirkulationsverluste und Oberflächenverluste der Speicher) als Tageswerte angegeben.

Hier bietet sich die bei dieser Anlage mögliche Betriebsweise an, das Erdreich als Wärmespeicher zu verwenden. Dabei läßt sich wiederum der Vorteil nutzen, daß mehrere Wärmetauschersysteme in verschiedenen Tiefen verlegt sind und somit eine kurz- und auch längerfristige Speicherung möglich ist. Auf diese Weise ist einerseits ein Ausgleich kürzerer Schön- bzw. Schlechtwetterperioden, andererseits eine Vorspeicherung im Frühjahr für die erstmalige Aufheizung des Schwimmbads bzw. im Herbst für die winterliche Heizperiode zu erreichen.

4. Meßergebnisse

Zur Analyse des Betriebsverhaltens der Anlage und der Anlagenteile werden die wesentlichen energetischen Größen meßtechnisch erfaßt. Mit Beginn des Jahres 1978 stehen in zunehmendem Maße diese Meßwerte zur Verfügung.

Zum Zeitpunkt der Erstellung dieses Berichts war die Auswertung über den gesamten Zeitraum noch nicht abgeschlossen. So können im folgenden nur die Ergebnisse von Analysen kürzerer Meßperioden dargestellt werden.

Anhand von B i l d 2 , das verschiedene Leistungsganglinien der letzten Dezemberwoche 1978 zeigt, können zwei der in Kapitel 3 beschriebenen Betriebsweisen erläutert werden. Während dieses Zeitraums diente allein die Eispiste als Wärmequelle, die Warmwasserbereitung erfolgte elektrisch. Im Bild sind die elektrische Energieaufnahme der Kälteanlage einschließlich ihrer Hilfsaggregate (Pumpen, Regelung) sowie die Wärmeabgabe an die Warmwasserheizung und die Wärmeeinspeisung ins Erdreich dargestellt.

Da aufgrund der für diese Jahreszeit sehr hohen Außentemperaturen von ca. 8 °C der Abwärmeanfall aus der Eispiste den Wärmebedarf der beiden Verbraucher Warmwasserheizung und Hallenlüftung (nicht im Bild enthalten) deutlich überstieg, kam es in der Nacht von Dienstag auf Mittwoch zu einer automatischen Abschaltung der Anlage. Als zusätzliche Verbraucher wurden dann die Erdreichwärmetauscher zugeschaltet. Die Wärmeeinspeisung ins Erdreich mußte bis zum starken Abfall der Außentemperatur am letzten Tag aufrecht erhalten werden.

Aus der Energiebilanz ergibt sich an den Tagen mit Wärmeeinspeisung ein energetisch günstigerer Betrieb. Dies erklärt sich aus dem unterschiedlichen Temperaturniveau der Wärmeabgabe. Im Falle der Wärmeeinspeisung ins Erdreich ist die Temperaturdifferenz von Wärmezufuhr und Energieabfuhr - bezogen auf den Kältemittelkreis - kleiner als im Falle der Raumheizung, so daß dieser Teilkreis des R-12-Kreislaufs unter energetisch günstigeren Bedingungen abläuft. Dies zeigt sich auch in der am Anfang einer Wärmeeinspeisung auftretenden höheren Leistungsabgabe, da sich die Sole in den Erdreichwärmetauschern noch auf niedrigerem Temperaturniveau befindet. Die Angabe einer Leistungszahl ist jedoch nicht möglich, da die Wärmeabgabe zur Hallenlüftung bisher noch nicht eindeutig erfaßt wird.

Wie aus dem Anlageschema (Bild 1) ersichtlich ist, erfolgt die Warmwasserbereitung im Normalbetrieb durch die Kälteanlage, die über Kondensatoren Wärme an zwei Brauchwasserspeicher von je

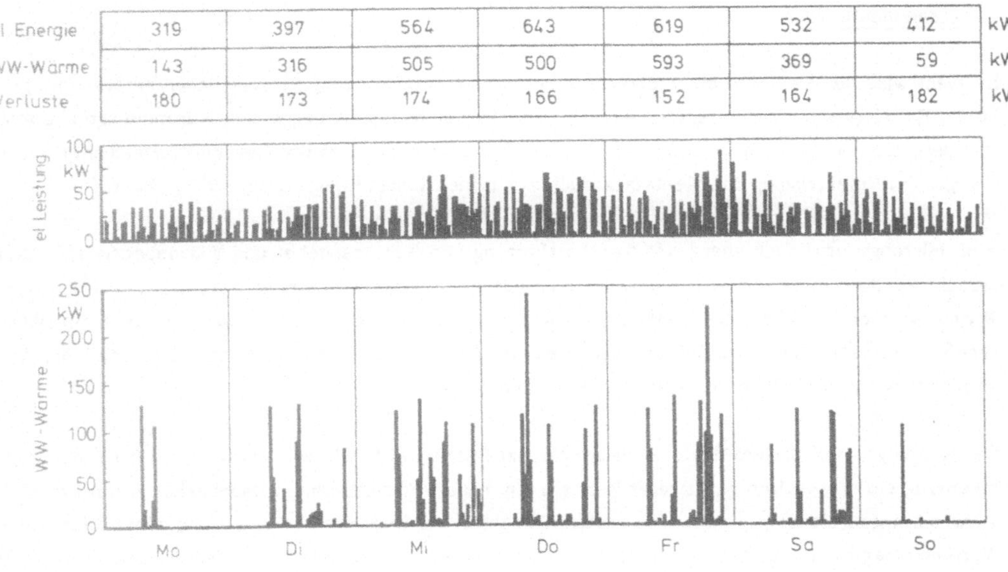

	Mo	Di	Mi	Do	Fr	Sa	So	
el Energie	319	397	564	643	619	532	412	kWh
WW-Wärme	143	316	505	500	593	369	59	kWh
Verluste	180	173	174	166	152	164	182	kWh

Bild 3. Leistungsganglinien der Warmwasserbereitungsanlage, Mehrzweckhalle Wiehl (elektrische WW-Bereitung) vom 25.12. bis 31.12.1978

Wie festgestellt werden konnte, nehmen bei zunehmender Warmwasserentnahme sowohl der Zirkulationsdurchfluß als auch die Temperatur des zirkulierenden Wassers und somit die Oberflächentemperatur der Zirkulationsleitung ab. Deshalb zeigen, wie auch aus den Tageswerten ersichtlich, die Verluste bei steigendem Warmwasserverbrauch eine leicht fallende Tendenz. Sie schlagen an Tagen mit geringem Verbrauch also umso stärker zu Buche und liegen z.B. am 31.12. um das Dreifache über dem Energieinhalt des entnommenen Warmwassers.

Als Beispiel für den Energiefluß eines Tages zeigt B i l d 4 die Werte für den 9.3.1978, an dem eine mittlere Außentemperatur von 5 °C registriert wurde. Unter den gegebenen Bedingungen wurde eine Arbeitszahl von 2,39 erreicht. Darunter ist der Quotient aus der Summe aller abgegebenen, nutzbaren Wärmemengen zur Summe der zugeführten elektrischen Energie für die Kompressoren zu verstehen. Berücksichtigt man den übrigen Energieaufwand für die Regelung und die Hilfsaggregate der Wärmepumpenanlage, so verringert sich die Arbeitszahl dieses Tages auf 2,19. Während eines Auswertezeitraumes vom 4.3. bis 15.3. wurden Anlagenarbeitszahlen zwischen 2,07 und 2,37 erreicht. Der Mittelwert über diese 12 Tage lag bei 2,18.

Bezogen auf die den Kompressoren zugeführte elektrische Energie betrug im o.a. Auswertezeitraum der Anteil der aus dem Kühlwasser zurückgewonnenen Energie 17 %, der Aufwand an elektrischer Hilfsenergie für Regelung, Pumpen etc. 9 %. Als Tagesbenutzungsdauer der maximal aufgetretenen elektrischen Leistung ergaben sich bei den vorliegenden Randbedingungen Werte von ca. 16 h/d.

5. Zusammenfassung

In Wiehl wird die Abwärme einer Eissporthalle zur Wärmeversorgung verschiedener Verbraucher genutzt. Dabei lassen sich bei einem derartigen System sämtliche abgegebenen Wärmemengen sowohl im energetischen als auch im betriebswirtschaftlichen Sinne als absolute Gewinne verbuchen, da fast der gesamte elektrische Energieeinsatz auch zur reinen Eiserzeugung erforderlich wäre.

Eine leistungs- und auch energiemäßige Abstimmung von Wärmeangebot und Wärmebedarf läßt sich jedoch nur über zusätzliche, bedarfweise zuschaltbare Wärmeverbraucher bzw. Wärmequellen oder Wärmespeicher erreichen, da an sehr kalten Wintertagen ein Defizit und an warmen Tagen ein Überschuß an Abwärme besteht. Bei der beschriebenen Anlage läßt sich dies durch die zusätzlichen Systemkomponenten Freibad und Erdreich erreichen.

Bei Nutzung des Erdreichs ergibt sich sowohl bei Betrieb mit Wärmeeinspeisung als auch bei Wärmeentzug ein energetisch günstigerer Betrieb, d.h. höhere Arbeitszahlen. Dabei arbeitet das Erdreich während eines Zeitraums von 1 - 2 Monaten als nahezu verlustfreier Speicher, zumindest solange der Wärmeeintrag in die verschiedenen Wärmetauschersysteme so reguliert wird, daß die Temperatur der oberflächennahen Schichten die mittlere Außentemperatur nicht übersteigt.

Bei der gegebenen Anlagenkonzeption erwies sich somit eine Betriebsweise als äusserst günstig, die im Frühjahr bei steigenden Außentemperaturen einen Abbau des Abwärmeüberschusses durch Speicherung im Erdreich vorsieht und diese Wärme zur leistungs- und energiebedarfsmäßig sehr intensiven erstmaligen Freibadaufheizung wieder entzieht.

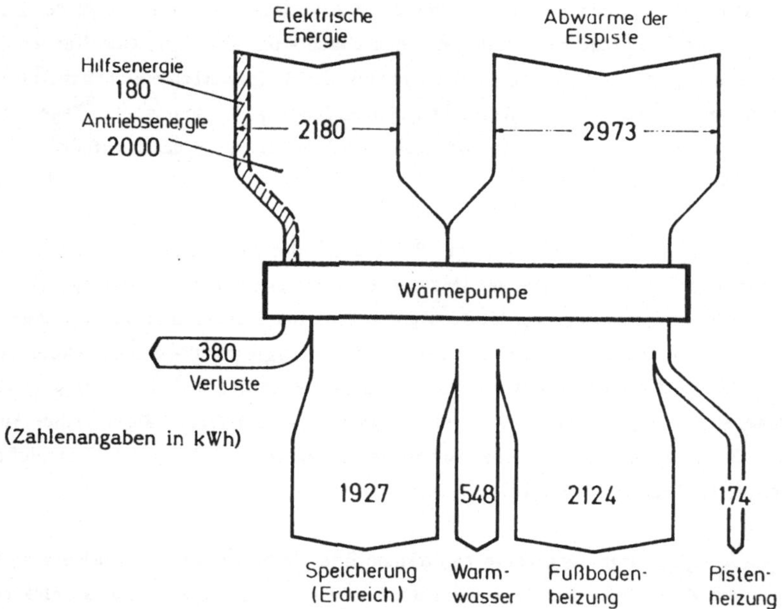

Bild 4. Energieflußbild der Wärmepumpenanlage Wiehl am 9.3.1978 ($_a$ = 5 °C)

STRUKTUR UND ANALYSE DES ENERGIE- UND LEISTUNGSBEDARFES IN HANDEL UND GEWERBE AM BEISPIEL EINER KFZ-WERKSTÄTTE

von Dipl.-Ing. B. Wiesner, München

Die Beurteilung des Energieverbrauchs im Bereich Handel und Gewerbe ist anhand der Energiebilanz der Bundesrepublik Deutschland nicht möglich. Handel und Gewerbe bilden zusammen mit den öffentlichen Einrichtungen und der Landwirtschaft den Bereich "Kleinverbrauch". Höhe und Struktur des Energieverbrauchs dieser Gruppe sind nicht einmal insgesamt bekannt, da in der Statistik der Kleinverbrauch nur zusammen mit den privaten Haushalten dargestellt werden kann. Noch viel weniger sind Angaben in bezug auf die einzelnen Untergruppen des Sektors "Kleinverbrauch" verfügbar. Angesichts des wachsenden Anteils des Bereiches "Haushalt und Kleinverbrauch" am gesamten Endenergieverbrauch ist jedoch eine detaillierte Kenntnis der Verbrauchstruktur vor allem des Sektors "Kleinverbrauch" nötig, um Anhaltspunkte für mögliche Rationalisierungsmaßnahmen zu bekommen. Ansätze hierzu können durch energietechnische Untersuchungen sowie durch statistische Erhebungen in einzelnen Betrieben dieses Sektors gewonnen werden.

Von Untersuchungen in einer Kfz-Werkstätte soll hier berichtet werden.

Struktur des untersuchten Betriebes

Zum Zeitpunkt der Untersuchung waren im angeführten Betrieb 15 Personen beschäftigt. Die durchschnittliche Anzahl der Reparaturaufträge pro Tag betrug 5.

Der Werkstatttrakt mit einer Grundfläche von 445 m^2 wird durch eine Öl-Luft-Heizung mit einer Nennleistung von 186 kW, das Büro und ein daran angeschlossener Verkaufsraum für Neuwagen durch zwei Ölöfen mit einem durchschnittlichen Tagesverbrauch von 20 l beheizt.

Zur Warmwasserbereitung steht ein elektrischer Nachtspeicherkessel mit einem Inhalt von 250 l und einem elektrischen Anschlußwert von 3,2 kW zur Verfügung. Der Gesamtanschlußwert der elektrischen Verbraucher beträgt 53 kW, davon entfallen 7,5 kW auf die Beleuchtung.

Als wichtigste Verbraucher stellten sich während der Untersuchung der Warmwasserkessel, die Beleuchtung, die Hilfsaggregate der Heizung - Lüfter und Brenner - sowie der Druckluftkompressor (die meisten Werkzeuge werden mit Druckluft betrieben) heraus. Andere Geräte wie Hebebühnen, Schleif- bzw. Bohrmaschinen und Schweißaggregate schlagen für den Energie- und Leistungsbedarf kaum zu Buche.

Entwicklung und Struktur des Energieverbrauchs

In Bild 1 ist der Jahresstromverbrauch aufgeteilt auf die Verbrauchergruppen Licht, Kraft (d.h. Summe aus dem fertigungsbedingten Verbrauch und dem der Hilfsaggregate der Heizung) und Warmwasserbereitung ab dem Jahr 1972 sowie der Ölverbrauch seit dem Jahre 1974 dargestellt.

Über die Entwicklung der einzelnen Verbrauchskurven können keine gesicherten Aussagen getroffen werden, da Angaben über wichtige Einflußgrößen wie z.B. Anzahl der Reparaturaufträge pro Jahr nicht verfügbar waren. Auf innerbetriebliche Maßnahmen kann sie jedenfalls nicht zurückgeführt werden, da im betrachteten Zeitraum keine wesentlichen organisatorischen oder strukturellen Änderungen vorgenommen wurden.

Es darf jedoch angenommen werden, daß der Rückgang des Energieverbrauchs in den Jahren 1974 und 1975 durch eine geringere Anzahl von Reparaturaufträgen, bedingt durch die vielzitierten Auswirkungen der Energiekrise auf den Automobilmarkt, hervorgerufen wurde.

Aus Bild 1 ist ersichtlich, daß vom durchschnittlichen jährlichen Gesamtenergieeinsatz in den Jahren 1974 bis 1978 (im Mittel etwa 164 000 kWh) nur 16 800 kWh oder 10 % auf den Stromverbrauch entfielen.

Ein typisches Merkmal der Verbrauchsstruktur solcher Betriebe ist darüber hinaus, daß wiederum nur ein relativ geringer Teil dieses Stromverbrauchs fertigungsbedingt ist. Die Anteile der verschiedenen Stromverbrauchergruppen wurden durch detaillierte Messungen in der Zeit vom 20.12.1978 bis 22.1.1979 ermittelt.

In Bild 2 ist der tägliche Stromverbrauch während des Meßzeitraumes aufgeteilt auf einzelne Verbrauchergruppen dargestellt. Bedingt durch die hohe Anzahl der Dunkelstunden fällt der Beleuchtung mit 49 % der größte Anteil am Stromverbrauch zu. Der Beleuchtungsverbrauch beinhaltet einen Grundanteil von ca. 18 kWh/d für Leuchtreklame und Verkaufsraumbeleuchtung. Dies wird für den Zeitraum vom 25.12.1978 bis 31.12.1978, der arbeitsfreien Zeit zwischen Weihnachten und Neujahr, deutlich. 26 % des Stromverbrauchs entfallen, bei einem mittleren Tagesverbrauch von 22 kWh, auf die Warmwasserbereitung. Die Hilfsaggregate der Heizung schlagen immerhin noch mit rd. 17 % zu Buche. Interessant ist in diesem Zusammenhang, daß deren Energieverbrauch bezogen auf den Energieinhalt des verbrauchten Heizöls bei 1,2 bis 1,4 % liegt. Mit nur 8 % sind die fertigungsbedingten Verbraucher am Stromverbrauch beteiligt, wobei der Hauptanteil durch die Kompressoranlage hervorgerufen wird.

Rechnet man diese Werte auf das gesamte Jahr um, so ergibt sich etwa folgende Aufteilung des Stromverbrauchs:

Warmwasserbereitung	42 %
Beleuchtung	39 %
Fertigungsbedingter Verbrauch	11 %
Heizung	8 %

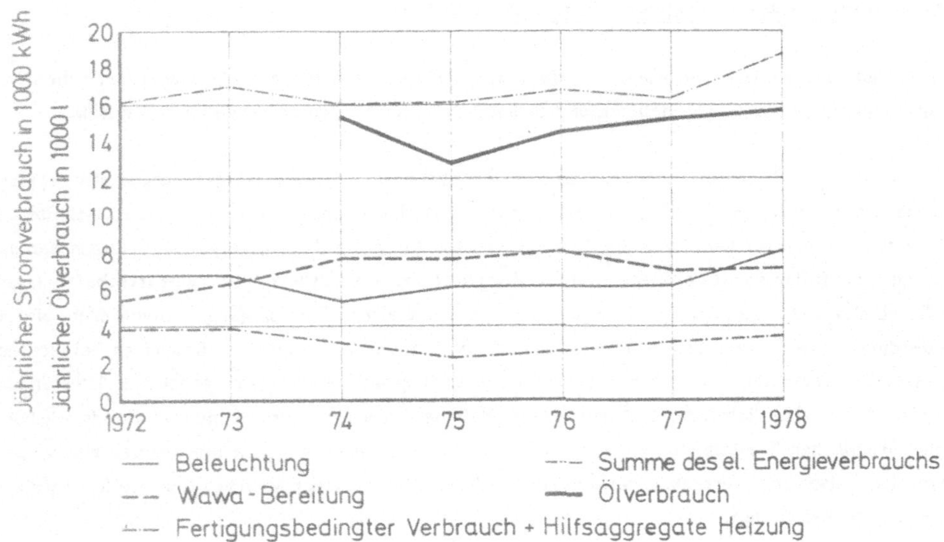

Bild 1. Entwicklung des Energieverbrauchs einer KFZ-Werkstatt

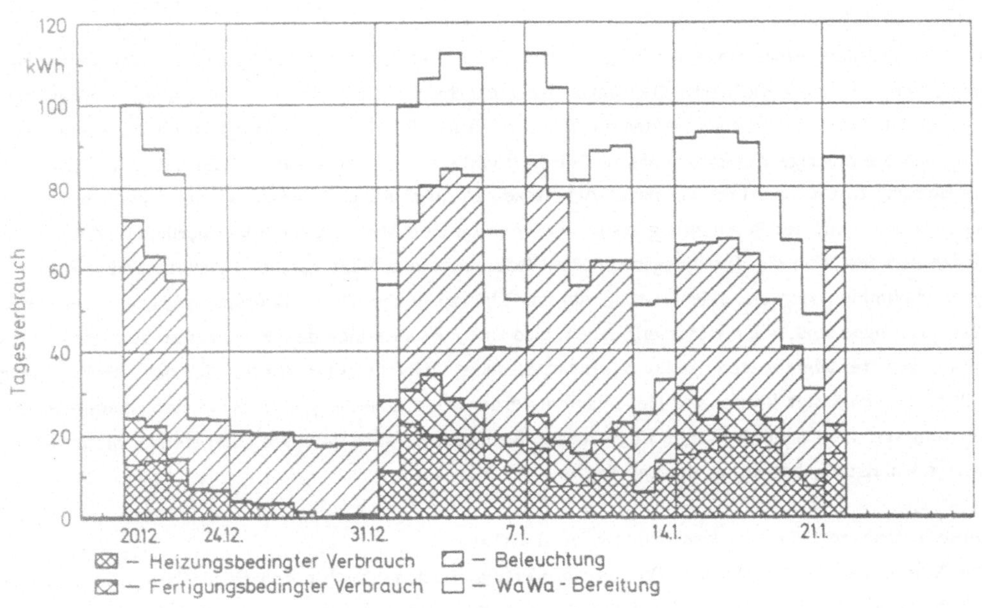

Bild 2. Elektrischer Tagesenergieverbrauch einer KFZ-Werkstatt
Meßzeitraum: 20.12.1978 bis 22.1.1979

Analyse und Struktur des elektrischen Leistungsbedarfs

Nicht nur auf den Stromverbrauch, sondern auch auf den elektrischen Leistungsbedarf haben die Heizung und insbesondere die Beleuchtung in solchen Betrieben einen erheblichen Einfluß.

In Bild 3 [1)] ist ein mittlerer Tagesleistungsgang aus 17 Arbeitstagen dargestellt. Typisch für diese Art von Betrieben sind die relativ starken Lastschwankungen sowie die Spitzenlastzeiten. Letztere sind im wesenlichen durch die Beleuchtung und durch die Hilfsaggregate der Heizungsanlage bestimmt und fallen somit vorwiegend in die Morgen- bzw. Abendstunden; energiewirtschaftlich gesehen also eine äußerst ungünstigige Charakteristik. Möglichkeiten, den Lastgang zu nivellieren, bieten sich allerdings in dem untersuchten Betrieb praktisch nicht, da zum einen der Bedarf an Beleuchtung tageszeitlich festgelegt ist, und zum anderen die Heizungsanlage unter den gegebenen Umständen eine andere Fahrweise nicht zuläßt. Hinzu kommt, daß dieser Betrieb, wie die meisten Handwerksbetriebe, zur Gruppe der Tarifabnehmer zählt, die tatsächlich in Anspruch genommene elektrische Leistung vom EVU also nicht verrechnet wird. Somit fehlt dem Verbraucher auch ein finanzieller Anreiz, Lastspitzen zu vermeiden.

Interessant ist in diesem Zusammenhang auch ein Vergleich der tatsächlich benötigten mit der insgesamt installierten elektrischen Leistung. Die installierte Lichtleistung von 7,5 kW wird zumindest in den Dunkelstunden nahezu voll in Anspruch genommen. Dagegen wird, wie in Bild 3 deutlich zu sehen ist, die installierte Maschinenleistung von rund 40 kW nur zu einem sehr geringen Teil ausgenützt. Die maximal aufgetretene Viertelstundenleistung wurde mit 7,1 kW ermittelt. Da die Beleuchtung mit ihrer relativ kurzen Einschaltdauer den Leistungsbedarf im wesentlichen bestimmt, ergibt sich somit insgesamt eine niedrige Benutzungsdauer der Lastspitze.

Am Leistungsgang eines einzelnen Tages (Bild 4) lassen sich diese Tatsachen noch weiter verdeutlichen, da eine detaillierte Zuordnung der auftretenden Lastspitzen zu einzelnen Verbrauchern möglich ist. Deutlich sichtbar werden die Einschaltzeiten der Heizung. Bedingt durch die Nachtabsenkung und die niedrige Außentemperatur (am betrachteten Tag lag sie im Mittel bei -11,4 °C) wurde die Heizung fast während der gesamten Arbeitszeit in Anspruch genommen. Wie man sieht, beeinflußt sie zusammen mit der Beleuchtung maßgeblich den Leistungsbedarf, vor allem natürlich während der Morgenstunden. Von den fertigungsbedingten Verbrauchern schlägt nur der Druckluftkompressor mit einer maximalen Viertelstundenleistung von ca. 2 kW zu Buche. Die auftretenden Spitzen dieser Verbrauchergruppe sind, wie die Messung ergab, also fast ausschließlich dem Kompressor zuzuordnen. Die Schweißgeräte haben wegen der kurzen Einschaltdauern nahezu keinen Einfluß auf den Leistungsgang. Völlig vernachlässigt können die Hebebühnen werden, zum einen wegen ihrer an sich schon niedrigen Leistung und zum anderen wegen ihrer kurzen Betriebszeit. Ihre maximal auftretende mittlere Viertelstundenleistung betrug an diesem Tag nur 0,2 kW.

Diese Tatsachen haben im wesentlichen zwei Gründe:
Die Auftragsbearbeitung in Kfz.-Werkstätten erfolgt hauptsächlich durch Handarbeit, wie z.B. Aus- und Einbauen von Kfz.-Teilen, Wartungsarbeiten usw. Der Maschineneinsatz macht dabei nur einen äußerst geringen Teil aus.

1) Der Lastgang der Warmwasserbereitung ist hier wie im folgenden Bild 4 nicht berücksichtigt.

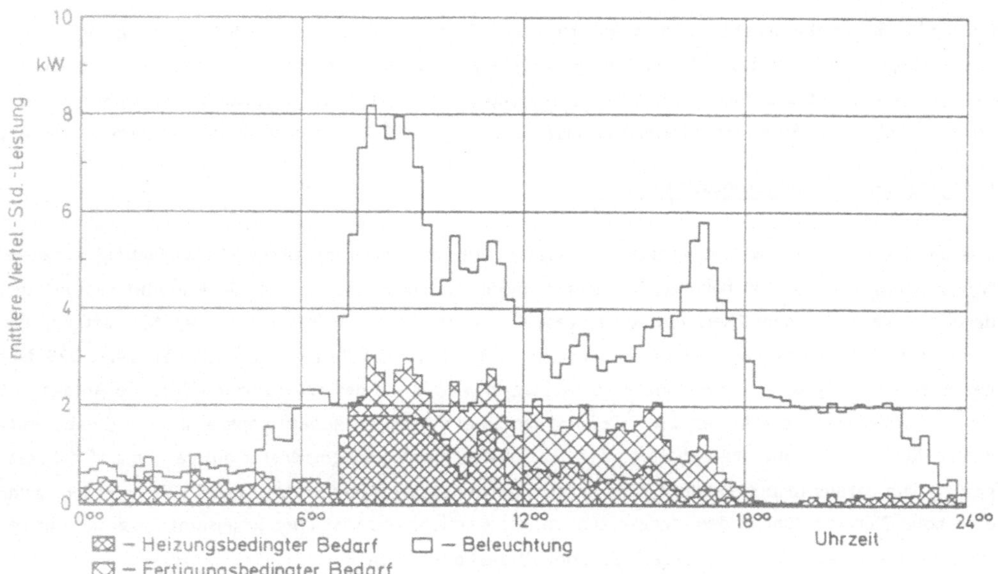

Bild 3. Mittlerer Tagesleistungsgang einer KFZ-Werkstatt, Wertemenge: 17 Arbeitstage

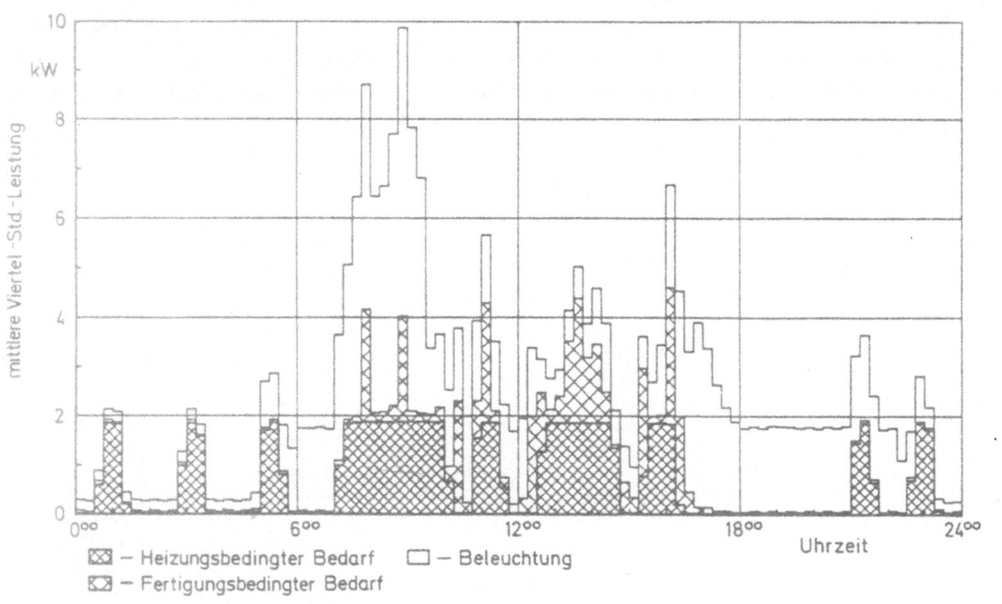

Bild 4. Leistungsgang in einer KFZ-Werkstatt an einem Arbeitstag
Wochentag: Donnerstag 18.1.1979

Ferner benötigen die ohnehin schon wenig benutzten Werkzeugmaschinen in der Regel nur einen (u.U. sehr geringen) Teil der installierten Antriebsleistung. Teilweise liegt der "Ausnutzungsfaktor" (Verhältnis zwischen tatsächlicher zu Nennleistungsaufnahme des Antriebsmotors) nur zwischen 20 - 40 %, wobei bis zu 90 % der Wirkleistungsaufnahme durch den Leerbetriebsbedarf bestimmt werden.

Lastgang des Zentralheizungssystems

Wie bereits eingangs erwähnt, wird der Werkstatttrakt von einer zentralen Öl-Luft-Heizung mit einer Nennleistung von 186 kW beheizt. Die Regelung der Heizung erfolgt über die Raumlufttemperatur, deren Sollwert an einem Thermostaten eingestellt werden kann. In Bild 5 ist der Lastgang des Heizungssystems sowie der Verlauf der Außentemperatur für die Zeit vom 8.1.1979 bis 14.1.1979 dargestellt. Am Gang der Heizleistung erkennt man, daß während der arbeitsfreien Zeit die Anlage mit Temperaturabsenkung gefahren wird. Je nach den zu erwartenden Außentemperaturen wird dabei entweder die Heizung ganz abgeschaltet oder der Sollwert der Raumtemperatur auf ca. 8 bis 10 °C festgelegt. Die daraus resultierende Abkühlung der Gebäudeteile während der Absenkzeit erfordert zwar eine hohe Wärmezufuhr in den Morgenstunden, die Betriebsweise ist aber insgesamt aufgrund der relativ leichten Bauweise als energetisch sinnvoll zu bezeichnen.

Als weitere "energiesparende" Maßnahme wird nach dem Motto: "Wer arbeitet, friert nicht!" die Raumtemperatur auch während der Arbeitszeit auf einen möglichst niedrigen Wert eingestellt - eine Tatsache, die man in Betrieben dieser Art gar nicht so selten findet.

Zusammenfassend kann festgestellt werden:

1. Höhe und Struktur des Energie- und Leistungsbedarfes hängen vorwiegend von Beleuchtung und Heizung ab, sie sind somit von der Jahreszeit bestimmt. Die fertigungsbedingten Verbraucher beeinflussen den Energie- und Leistungsbedarf nur in geringem Maße.
2. Eine Beeinflussung des Leistungsgangs ist aufgrund der Bedarfsstruktur praktisch nicht durchführbar.

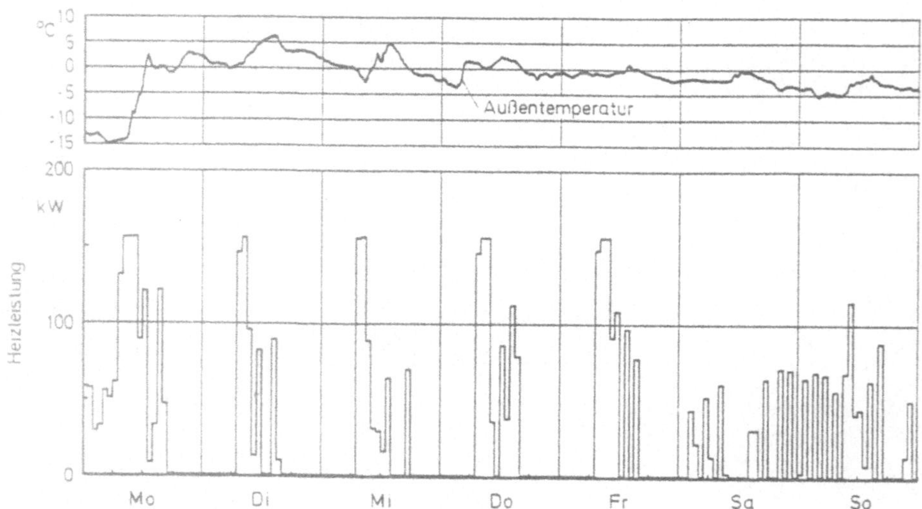

Bild 5. Lastgang des Zentralheizungssystems in einer KFZ-Werkstatt und Verlauf der Außentemperatur

LASTGANG UND VERBRAUCHERSTEUERUNG

von Dipl.-Ing. M. Rudolph, München

Grundsätzliche Zusammenhänge

Lastgang und Verbrauchersteuerung stehen in zweierlei Hinsicht in einer engen Beziehung zueinander, was insbesondere für die elektrische Energie gilt. Dies soll anhand von Bild 1 erläutert werden.

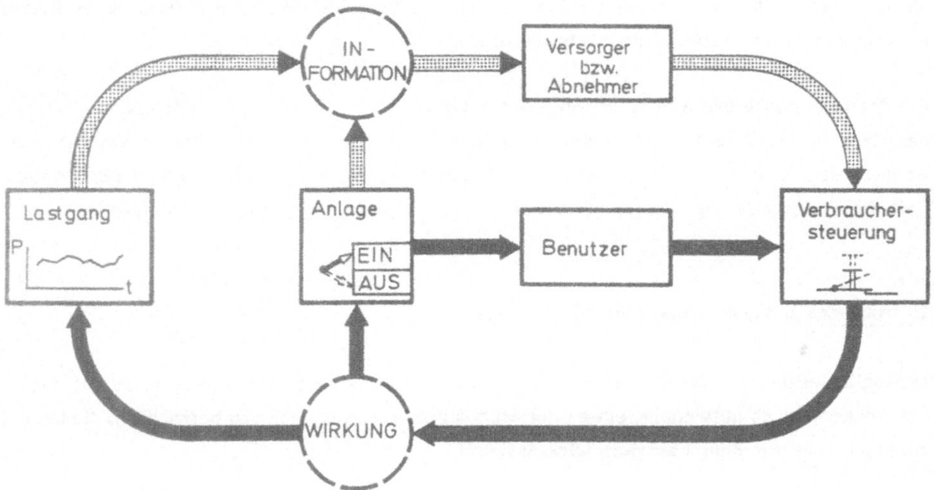

Bild 1. Lastbeeinflussung durch Verbrauchersteuerung: Grundsätzliche Zusammenhänge

Bei normalem Betrieb durch den Benutzer schaltet dieser den Verbraucher, d.h. die stromverbrauchende Anlage, je nach Bedarf ein oder aus, um den gewünschten Betriebszustand der Anlage herzustellen, was wiederum einen vom Benutzer angestrebten Effekt bewirkt. Gleichzeitig besteht bei jeder Schalthandlung eine Wirkung auf den Lastgang in den verschiedenen Versorgungsebenen, sofern darin der Leistungsbedarf des betreffenden Verbrauchers enthalten ist.

Tritt nun eine Verbrauchersteuerung zum Zweck der Lastbeeinflussung hinzu, so überlagert sich dem geschilderten Mechanismus ein übergeordneter Regelkreis. Dies gilt für beide grundsätzlich zu unterscheidenden Arten der Lastbeeinflussung, nämlich

- die zentrale Steuerung durch den Versorger (im folgenden als "Rundsteuerung" bezeichnet) sowie
- die dezentrale Steuerung durch den Abnehmer, die hier "Höchstlastoptimierung" genannt wird.

Bei der Rundsteuerung wird die Verbrauchersteuerung durch den Versorger, bei der Höchstlastoptimierung durch den Abnehmer vorgenommen. Die Eingriffsentscheidungen erfolgen aufgrund der Information über den jeweiligen Lastgang von Versorger bzw. Abnehmer, der dann wiederum durch den Eingriff beeinflußt wird. Im Falle der Höchstlastoptimierung kommt für den Abnehmer meist die Information über den Betriebszustand der zur Disposition stehenden Verbraucher dazu, eine Entscheidungshilfe, die bei der zentralen Rundsteuerung normalerweise fehlt.

Aus der Betrachtung dieser grundsätzlichen Zusammenhänge lassen sich einige Schlußfolgerungen ableiten:

- Hinsichtlich der Entscheidungsbasis für die Eingriffe besteht ein Vorteil für die Rundsteuerung darin, daß das Kriterium der Lastgang des Versorgers ist, um dessen Spitzenglättung es ja eigentlich auch geht, weil die Grenzen für die zulässigen Lasten durch Erzeugungs- und Verteilungsanlagen bestimmt sind. Nachteilig ist dagegen die fehlende Information über die Betriebsverhältnisse der ansteuerbaren Verbraucher.

- Bei der Höchstlastoptimierung gehören der Entscheidungsträger für Eingriffe und der betroffene Benutzer ein und derselben Wirtschaftseinheit an. Dadurch sind hier die Voraussetzungen für eine auch den Abnehmer befriedigende Verbraucherbeeinflussung weitaus besser gegeben als im Fall der Rundsteuerung, die im Grundsatz eine "dirigistische" Maßnahme darstellt.

Beeinflussung des Lastgangs durch Rundsteuerung

Um die Möglichkeiten und Grenzen einer Verbrauchersteuerung durch den Versorger zutreffend beurteilen zu können, ist es notwendig, einige der Mechanismen etwas näher zu betrachten, die besonders im Zusammenhang mit dem Lastgang wirksam sind.

Aus B i l d 2 kann man die Zielsetzung ableiten: Ein ursprünglich auftretender Lastgang soll eine bestimmte Leistungsgrenze nicht überschreiten.

Bei der Abschätzung, welche Folgen eine solche Lastgangbeeinflussung hat, ist man schon vom verfügbaren Datenmaterial her normalerweise darauf angewiesen, von einer "idealen Glättung" auszugehen. Dabei wird zu jedem Zeitpunkt eine Lastabschaltung von genau der Höhe angenommen, wie sie zum exakten Einhalten der vorgegebenen Leistungsgrenze notwendig ist. Die so "gekappte" elektrische Arbeit wird dann durch Auffüllen der nachfolgenden Lasttäler nachgeholt, indem zu jedem Zeitpunkt über den ursprünglichen Lastgang hinaus zusätzliche elektrische Last bis zur Leistungsgrenze zugelassen wird.

Allerdings entspricht dies nicht den tatsächlichen Vorgängen bei einer Rundsteuerung. Hierbei ist insbesondere der zeitgleiche Lastgang der abschaltbaren Verbrauchergruppen zu berücksichtigen, wie er am Beispiel einer Schaltgruppe in Bild 2 ebenfalls eingetragen ist. Der Versorger sieht zwar anhand seines Gesamtlastgangs, wann er eingreifen muß, er weiß jedoch vorher nicht, wieviel Last er durch

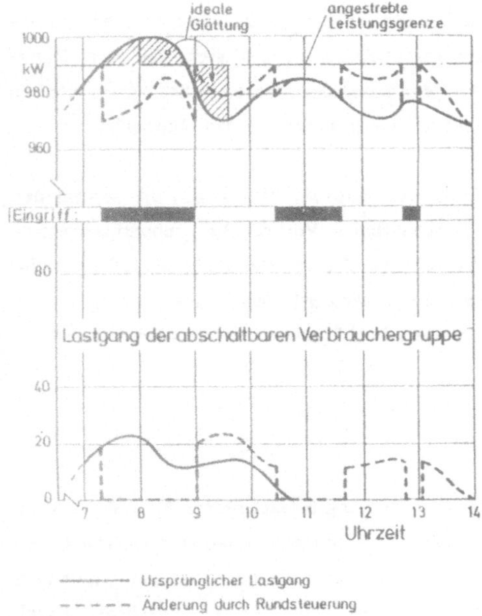

Bild 2. Beeinflussung eines Lastgangs durch Rundsteuerung

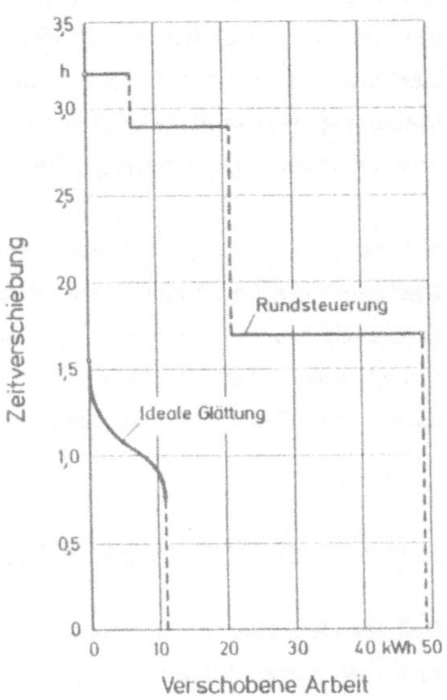

Bild 3. Verschiebung elektrischer Arbeit zur Glättung eines Lastgangs

den Eingriff abschalten wird. Dies merkt er erst im Moment des Eingreifens, falls der Effekt nicht durch gleichzeitige Laständerungen anderer Herkunft überdeckt wird. Der so beeinflußte Lastgang verläuft dann um die zu jedem Zeitpunkt verringerte Last unterhalb des ursprünglichen Lastgangs.

Schwierigkeiten können bei der Entscheidung darüber auftreten, wann der abgeschaltete Verbraucherkreis wieder zugeschaltet werden darf, ohne daß die Leistungsgrenze überschritten wird. Konnte der Versorger feststellen, welche Last er mit dem Eingriff abgeworfen hatte, so gibt ihm dies einen Anhalt für den zu erwartenden Lastanstieg bei Wiederzuschaltung, da sich ja dann der durch die Abschaltung unterbrochene Lastgang der Verbrauchergruppe fortsetzt. Außerdem werden jedoch während der Zeit der Unterbrechung auch noch andere Einzelanlagen dieser Verbrauchergruppe von ihren Benutzern neu eingeschaltet worden sein; sie bewirken dann bei Wiederzuschaltung des Kreises einen zusätzlichen Lastzuwachs und bedeuten damit einen nicht zu unterschätzenden Unsicherheitsfaktor.

Nach der Wiederzuschaltung der Verbrauchergruppe setzt sich der Lastgang anders fort, als er ursprünglich gewesen wäre. Das Nachholen der unterbundenen elektrischen Arbeit kann dabei nicht mit beliebiger Leistung erfolgen. Damit ergibt sich eine nur unvollkommene Auffüllung von nachfolgenden Lasttälern, was mit dazu führt, daß zu späteren Zeiten erneute Abschaltungen hervorgerufen werden, die bei ausschließlicher Betrachtung des ursprünglichen Lastgangs bzw. der idealen Glättung gar nicht erkennbar sind.

Welche zahlenmäßigen Schlußfolgerungen man aus einer solchen Betrachtung ziehen kann, zeigt B i l d 3 anhand der Zeitverschiebung elektrischer Arbeit in einer geordneten Summenlinie. Es ist also ablesbar, welcher Anteil der insgesamt zu verschiebenden Arbeit jeweils über eine bestimmte Zeitdauer verschoben werden muß. Aus dem in Bild 2 gewählten Beispiel ergibt sich, daß durch Rundsteuerung insgesamt das 4,5-fache an elektrischer Arbeit gegenüber der idealen Glättung verschoben werden muß. Zudem beträgt die maximale Verschiebungszeitdauer mehr als das Doppelte.

Solche Ergebnisdaten hängen natürlich von einer Vielzahl von Einflußfaktoren ab, die sowohl den Lastgang, die Leistungsgrenze als auch Zahl und Art der steuerbaren Verbrauchergruppen betreffen. Daher ist bei der Interpretation solcher Zahlen Vorsicht geboten. Der tendenzielle Schluß erscheint jedoch gerechtfertigt, daß die Probleme und Auswirkungen bei einer zentralen Rundsteuerung der besprochenen Art um einiges gravierender sind, als dies erste Abschätzungen meist ahnen lassen.

Beeinflussung des Lastgangs durch Höchstlastoptimierung

Bei der Höchstlastoptimierung obliegt es dem Abnehmer, den Leistungsbedarf seiner Anlagen zu steuern. Den Anreiz bildet die durch solche Maßnahmen erreichbare Stromkostensenkung. Der Grund hierfür liegt hauptsächlich in der Stellung eines Leistungspreises, der auf die höchsten vom Abnehmer in Anspruch genommenen Leistungen angerechnet wird. Diese Leistungen verstehen sich als Mittelwerte jeweils über eine Meßperiode, deren Dauer im Fall des elektrischen Energiebezugs üblicherweise 15 Minuten beträgt. Hieraus ergibt sich für den Abnehmer die Zielsetzung, seinen Verbrauch an elektrischer Arbeit während jeder Meßperiode auf einen selbstgewählten Maximalwert zu begrenzen, was durchaus die Möglichkeit höherer Lasten während eines Teils der Meßperiode zuläßt, wie auch in B i l d 4 erkennbar ist.

Zu diesem Zweck kann durch eine zeitweilige Abschaltung von Anlagen der Verbrauch an elektrischer Arbeit in der betreffenden Meßperiode und damit die mittlere Leistung reduziert werden. Die Entscheidung, wann ein Eingriff begonnen bzw. beendet werden soll, wird dabei auf der Basis einer permanenten Kurzfristprognose getroffen, d.h. es wird aus dem zurückliegenden Lastverlauf und der momentanen Situation auf das Ende der Meßperiode geschlossen. Es gibt dafür eine Anzahl unterschiedlicher Verfahren, die aber im Prinzip alle der gleichen Problematik unterliegen:

- Die Prognosesicherheit steigt mit der zeitlichen Annäherung an das Ende der Meßperiode.
- Je früher innerhalb der Meßperiode mit einem Eingriff begonnen wird, desto größer ist die mögliche Absenkung der Meßperioden-Mittelleistung.

In dieser Problematik drückt sich der Optimierungscharakter der gestellten Aufgabe aus. Es ist dabei ein schmaler Weg zu beschreiten, an dessen beiden Seiten dauernd zwei gegensätzliche Gefahren stehen (siehe Bild 4):

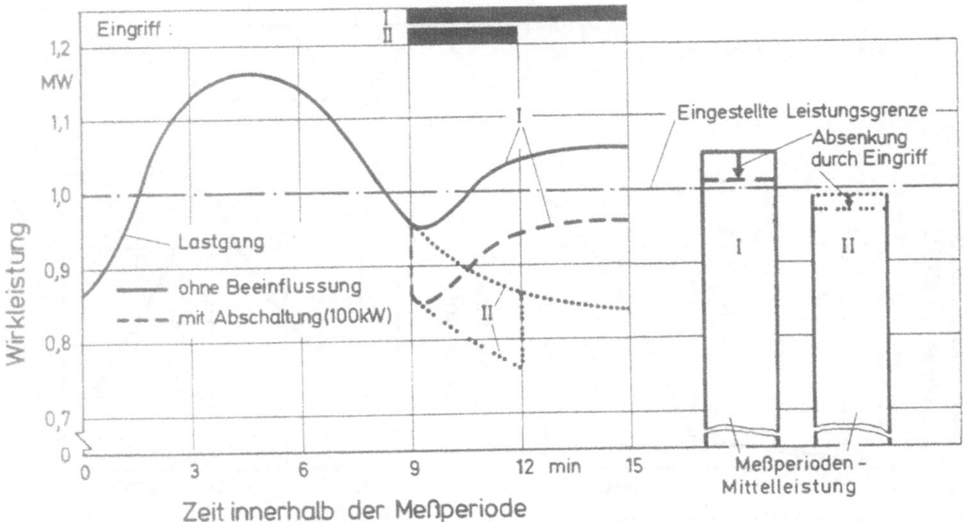

Bild 4. Höchstlastoptimierung: Grundlagen

- Die Gefahr, daß infolge eines unerwartet hohen weiteren Lastverlaufs (I) trotz Abschaltung des Verbrauchers die effektive Absenkung nicht ausreicht, um die Leistungsgrenze einzuhalten ("zu spätes Eingreifen").
- Die Gefahr, daß die zu einem bestimmten Zeitpunkt als notwendig erscheinende Abschaltung des Verbrauchers sich infolge des unerwartet niedrigen weiteren Lastverlaufs (II) als unnötig erweist ("zu frühes Eingreifen").

Diese Gefahren können nie vollständig gebannt werden, gleich, welches Verfahren man zur Festlegung der Eingriffe anwendet, da sich ja der Lastgang in der restlichen Meßperiode auch anders entwickeln kann, als es die Prognosen vorher jeweils vermuten ließen. Umso wichtiger erscheint es, Erfahrungen über die quantitativen Einflüsse der verschiedenen, bei der Höchstlastoptimierung wirksamen Parameter zu sammeln, um zu gesicherten Kenntnissen über die optimalen Einsatzbedingungen zu gelangen. Diesem Zweck dient ein vom Verfasser im Rahmen seiner Forschungstätigkeit entwickeltes Simulationsverfahren. Hierbei werden nach Eingabe frei wählbarer Daten per Rechenprogramm die Geschehnisse bei einer Höchstlastoptimierung nach ebenfalls wählbarem Verfahren nachgebildet und daraus eine Reihe von praktisch relevanten Ergebnisgrößen hergeleitet.

Ein kleiner Ausschnitt aus den direkt erhaltenen Aussagen einer solchen Simulation ist in Bild 5 dargestellt. Wenn die Leistungsgrenze niedriger eingestellt wird, rückt bei Zugrundelegung eines bestimmten Lastgangs der mittlere Zeitpunkt des ersten Eingriffsbefehls sehr schnell bis nahe an den Beginn der Meßperiode. Damit steigt die Gefahr zu früher und damit unnötiger Abschaltungen. Die Häufigkeit der Eingriffe je Meßperiode weist ein sehr ausgeprägtes Maximum bei einer eingestellten Leistungsgrenze von etwas über 41 MW auf. Wie sehr gerade solche schnell aufeinanderfolgenden Stö-

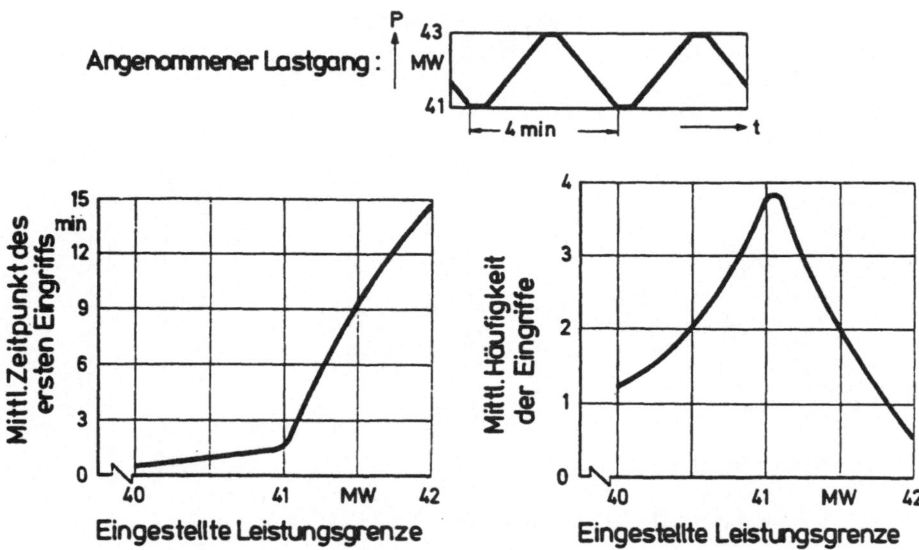

Bild 5. Beispiel für die Simulation einer Höchstlastoptimierung innerhalb einer Meßperiode

rungen sich auf den produktiven Betriebsablauf beim Abnehmer auswirken, braucht wohl nicht besonders betont zu werden.

Natürlich bedürfen derartige unmittelbare Ergebnisse einer gezielten Weiterverarbeitung auf die jeweilige Aufgabenstellung hin. Dadurch werden Aussagen in folgenden Richtungen möglich:

- Vergleich der verschiedenen auf dem Markt befindlichen Verfahren für charakteristisch unterschiedliche Anwendungsfälle,
- Beurteilung von neuen Verfahren, die unter bestimmten Bedingungen den bisherigen überlegen sein können,
- praxisbezogene Hinweise zum wirtschaftlichen Betrieb einer Höchstlastoptimierungsanlage unter weitgehender Berücksichtigung der individuellen Verhältnisse beim Anwender.

Die detailliertere Beantwortung solcher heute großenteils noch offener Fragen wird den Abnehmer auf dem Weg zur substanziellen Einsparung von Stromkosten durch Höchstlastoptimierung bei möglichst geringer betrieblicher Beeinträchtigung sicher einen Schritt weiterbringen, womit gleichzeitig dem Versorger bei seinen Lastspitzenproblemen gedient ist.

GERÄTETECHNIK ZUR HÖCHSTLASTOPTIMIERUNG

Von Dr. Dieter Sass, Mannheim

1. Zielsetzung und Aufgabenstellung

Der Gesamtpreis für die bezogene elektrische Energie setzt sich im allgemeinen aus dem Leistungspreis für die vom Elektro-Versorgungs-Unternehmen vorgehaltene Leistung und dem Arbeitspreis für die tatsächlich verbrauchte Energie zusammen.
Außerdem wird die gleichmäßige Nutzung der vorgehaltenen Leistung durch den sogenannten Benutzungsdauerrabatt zusätzlich honoriert. Die Benutzungsdauer ergibt sich aus dem Verhältnis von insgesamt abgenommener Energiemenge zu berechneter Vorhalteleistung.
Entsprechend diesen Hauptmerkmalen der Stromtarifverträge versteht man unter Höchstlastoptimierung das Bestreben, durch dezentrale, d.h. abnehmerseitige, Verbrauchersteuerung die zur Verfügung stehende Energie so zu verteilen, daß der maximal zulässige Energieverbrauch pro Meßperiode möglichst ausgeschöpft, aber keinesfalls überschritten wird.

Der maximal zulässige Energieverbrauch wird durch Multiplikation der vorgehaltenen Leistung mit der Meßperiodendauer berechnet.

2. Hierarchie der Lösungsverfahren

Technische Probleme lassen sich im allgemeinen auf unterschiedliche Weise lösen, wobei die Mittel der Schwierigkeit der Problemstellung anzupassen sind.

2.1 Maximumwächter

Als einfachste Möglichkeit zur Steuerung des Energieverbrauches bietet sich die Regelung der Gesamtleistung an, wobei als Sollwert die angestrebte mittlere Leistung, d.h. die vorgehaltene Leistung verwendet wird. Diese sogenannten Maximumwächter [1] arbeiten vorwiegend als offener Regelkreis. Sie kündigen das Erreichen der vorgegebenen Leistungsgrenze z.B. durch optische oder akustische Signale an; schnelles Reagieren des Menschen durch Abschalten von Verbrauchern ist dann erforderlich. Der Bediener benötigt Informationen über die Abschaltbarkeit von Verbrauchern zu diesem Zeitpunkt.

2.2 Mehrpunktregler

In der nächsten Stufe übernehmen das Ab- und auch Wiederzuschalten von Verbrauchern elektronische Automatisierungs-Einrichtungen.
Diese Systeme tragen den Charakter eines Mehrpunktreglers. Über vorgebbare Schwellwerte lassen sich verbraucherabhängig Toleranzbereiche einstellen, bei deren Über- bzw. Unterschreitungen disponierbare Verbraucher ab- bzw. zugeschaltet werden.
Dabei gewährleistet der Verlauf dieser Toleranzbereiche, daß zu jedem Zeitpunkt der Meßperiode ein ausreichender Energiebetrag für die nicht disponierbaren Verbraucher zur Verfügung steht. Durch die Reihenfolge, in der die Schwellwerte über- bzw. unterschritten werden, läßt sich eine Prioritätenberücksichtigung der disponierbaren Verbraucher festlegen.
Ein Gerät dieser Art wird von BBC seit Jahren unter dem Namen Leistungsspitzen - Begrenzungs - Automatik, kurz LBA [2] genannt, mit Erfolg eingesetzt.

2.3 Steuereinrichtungen mit Rechnerbausteinen

Zur höheren Stufe zählen Systeme [3] , bei denen ständig aus der Differenz zwischen dem maximalen Energieverbrauch pro Meßperiode und der bereits verbrauchten Energiemenge, bezogen auf die Restzeit bis zum Ende der Meßperiode, die optimale Leistung berechnet wird. Der Vergleich zwischen der optimalen und der tatsächlich beanspruchten Leistung führt zu einer Korrekturleistung.
Abhängig von dieser Korrekturleistung wird dann entweder eine nachgeschaltete Regelstrecke beeinflußt oder aber eine Schaltautomatik beaufschlagt.

2.4 Prozeßrechner

Sollen darüber hinaus noch die unterschiedlichen Bedingungen zur Betriebsführung bzw. die wechselnden Betriebszustände der schaltbaren Verbraucher berücksichtigt werden, so erfordert dies ein Höchstmaß an Anpassungsfähigkeit vom einzusetzenden Automatisierungsmittel.
Man erreicht es durch Einsatz frei programmierbarer Prozeßrechner. Ohne gerätetechnischen Mehraufwand lassen sich damit auch geänderte Tarifverträge oder andere Forderungen berücksichtigen, die erst im Laufe der Zeit bekannt werden.
Mit Prozeßrechnern sind Vorausberechnungen des zu erwartenden Energieverbrauchs möglich. Die dazugehörigen Rechenanweisungen können bei komplizierten Zusammenhängen das Ausmaß eines mathematischen Modells annehmen.

Das von BBC entwickelte Energie-Kosten-Optimierungs-System, kurz EKOS [4] genannt, basiert auf einem Prozeßrechnersystem. Es wird im nächsten Abschnitt beschrieben.
Sein Einsatz hat sich bisher bei soweit auseinanderliegenden Problemstellungen, wie sie in der Stahlindustrie im Vergleich zur Automatisierung von Kühlhäusern vorliegen, als lohnend erwiesen.
'Abfallprodukte' beim Einsatz eines Prozeßrechners sind die Berechnungsgrundlagen für die Energiekostenverteilung auf verschiedene Produktionsanlagen oder Protokolle mit so wichtigen Informationen wie Stillstandszeiten, Abschaltquoten, Nutzungsfaktoren der vorgehaltenen Leistung u.a., die man für Wirtschaftlichkeitsbetrachtungen nutzen kann.

3. Wirkungsweise und Programmstruktur eines Verfahrens mit Prozeßrechner

Die sichere Begrenzung der pro Meßperiode beanspruchten, mittleren Leistung auf die vorgehaltene Leistung erfordert schaltbare Verbraucher zur Leistungssteuerung und eine jederzeit ausreichende Energiereserve für alle jene Verbraucher, die aus technologischen, sicherheitstechnischen und anderen betrieblichen Gründen nicht in ihrer Leistung gesenkt oder gar ausgeschaltet werden dürfen.
Diese Verbraucher zählen zur Grundlast und sind z.B. Kühlwasserpumpen, spanabhebende Werkzeugmaschinen und Beleuchtungsanlagen.
Verbraucher, die zur Änderung der beanspruchten Leistung innerhalb einer Meßperiode herangezogen werden können, werden der Zusatzlast zugeordnet.
Das Verhältnis von Grund- und Zusatzlast hängt von der gegebenen Verbraucherstruktur des Werkes bzw. des zu überwachenden Energie-Versorgungsbereiches ab.
Das Energie-Zeit-Diagramm (Bild 1) zeigt die Zusammenhänge von Grund- und Zusatzlastenergie, sowie die grundlegende Wirkungsweise des Verfahrens.
Dem Diagramm liegt eine 15 min dauernde Meßperiode und eine vorgehaltene Leistung Pv von 40 MW zugrunde. Die insgesamt zur Verfügung stehende Energie W1 je Meßperiode vermindert sich um die für die Grundlast während einer Meßperiode benötigte Energie W2.
Der verbleibende Energiebetrag W3 steht dann den Zusatzlast-Verbrauchern zur Verfügung und wird deshalb bereits zu Beginn der Meßperiode voll zum Verbrauch freigegeben. (Sprung AB). Es entsteht so die Begrenzungsstrecke $\overline{BC}$. Das System reagiert mit Schalthandlungen oder nach Möglichkeit mit kontinuierlichen Leistungsänderungen, die zu einer asymptotischen Annäherung der gestrichelt gezeichneten Kurve für den Istverbrauch an die vorgegebene Begrenzungsstrecke der Energie gegen Ende der Meßperiode führen.

Der Energiebedarf über einen wählbaren Zeitraum von beispielsweise 3 min wird zu diesem Zweck zyklisch vorausberechnet. Ergibt sich dabei eine Überschreitung der Begrenzungsstrecke $\overline{BC}$ oder eine Unterschreitung der unteren Toleranzkurve, so führt dies im ersten Fall dazu, daß Verbraucher niedrigerer Priorität in ihrer Leistung abgesenkt, im zweiten Fall dagegen, daß Verbraucher höherer Priorität in ihrer Leistung angehoben werden. Die Prioritäten stammen aus einer Tabelle, deren Werte ständig den Betriebszuständen der einzelnen Zusatzlast-Verbraucher angepasst werden.

Die Reaktionen des Systems auf prognostizierte Überschreitungen der Begrenzungsstrecke $\overline{BC}$ bzw. Unterschreitungen der unteren Toleranzkruve durch Lastabsenkung bzw. Lastanhebung sind dem Leistungs-Zeit-Diagramm (Bild 1) zu den diskreten, aber zufälligen Zeitpunkten t1 bis t5 zu entnehmen.

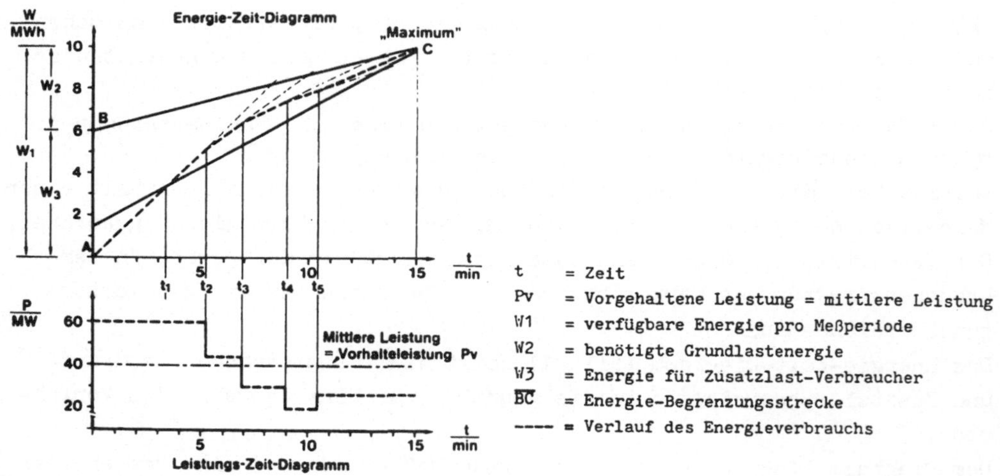

Bild 1 Zusammenhänge von Grund- und Zusatzlastenergie, dargestellt für eine Meßperiode als Energie-Zeit-Diagramm und Leistungs-Zeit-Diagramm

Man erkennt, daß der Mittelwert der beanspruchten Leistung etwa gleich der vorgehaltenen Leistung ist. Die Ausnutzung der vorgehaltenen Leistung beträgt dann 100 %.

Das Programm besteht aus einzelnen, standardisierten Moduln, die getrennt von einander an die gegebenen Prozeßbedingungen angepasst und in Betrieb genommen werden können.

Die Programmstruktur, mit den wesentlichen Verknüpfungen, Aufrufbedingungen und Funktionen der Programm-Moduln, ist vereinfacht dargestellt (Bild 2).

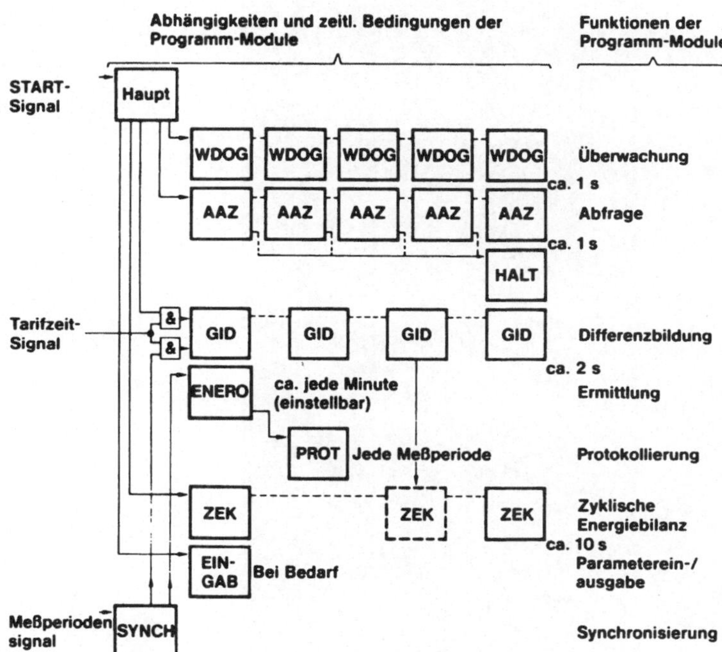

AAZ = Prioritätenbildung durch Abfrage von Betriebszuständen
EINGAB = Änderung von Parametern über die Schreibmaschine
ENERO = Messung von Energie-Verbrauchswerten
GID = Differenzbildung zur Überwachung des Energiemaximums
HALT = System-Halt mit Meldung bei undefinierten Signalzuständen
HAUPT = Initialisierungen nach Systemstart
PROT = Ausgabe des Meßperiodenprotokolls
SYNCH = Synchronisation mit Beginn der Meßperiode
WDOG = Überwachung der Systembetriebsbereitschaft
ZEK = Zyklische Energiebilanzierung

Bild 2 Schema der Programmstruktur des EKO-Systems zur Energie-Kosten-Optimierung. Programmbausteine:

4. Aufbau der Prozeßrechnersysteme

Prozeßkleinrechner ohne Hintergrundspeicher und nur mit einer Bedienschreibmaschine ausgestattet, die gleichzeitig zur Ausgabe von Protokollen dient, reichen normalerweise für die gegebenen Anwendungsfälle aus.

Die Prozeßperipherie, über die der Prozeßrechner Verbrauchs- und Zustandsdaten der Verbraucher erfaßt und Steuersignale ausgibt, ist aus einzelnen Bausteinen aufgebaut und für den jeweiligen Anwendungsfall zu projektieren (Bild 3).

Bild 3 EKO-System in der Schaltwarte eines Stahlwerkes

5. Wirtschaftlichkeit

Betriebsergebnisse zeigen, daß die vorgehaltene Leistung bei Einsatz von Prozeßrechnern gut genutzt werden kann. Das dargestellte Meßperiodenprotokoll (Bild 4) enthält einen Nutzungsfaktor

$$NF = \left[1 - \frac{\overline{Pist}}{Pv}\right] \times 100 \qquad (1)$$

NF(%) = Nutzungsfaktor
$\overline{Pist}$(MW) = Mittelwert der gemessenen Leistung
Pv(MW) = vorgehaltene Leistung

von 0.28 %.

Fortlaufend günstige Nutzungsfaktoren bedeuten eine richtige festgelegte Vorhalteleistung.

Die Werte für die Vorhalteleistung können nach den vorliegenden Erfahrungen um 5 bis 10 % gesenkt werden, ohne daß sich dabei das Produktionsergebnis im Abrechnungszeitraum verringert.
Den Kosteneinsparungen von ca. 70 % durch Verminderung der vorgehaltenen Leistung und von ca. 30 % durch Erhöhung der Benutzungsdauer sind die Investitionsmittel gegenüberzustellen.
Abhängig von den jeweiligen betrieblichen Verhältnissen lassen sich Kapitalrücklaufzeiten zwischen 1.5 und 2.5 Jahren angeben.

6. Zusammenfassung

Durch gezielte Verbrauchersteuerung können industrielle Großabnehmer bei den Energiekosten erheblich sparen.
Die möglichen Einsparungen und damit die Wirtschaftlichkeit des einzusetzenden Systems lassen sich bei gründlicher Auswertung vorhandener Betriebsdaten im voraus bestimmen.
Bei der Wahl des Gerätes zur Höchstlastoptimierung sind die Betriebsbedingungen, unter denen es eingesetzt wird, sorgfältig zu analysieren.
Auch Prozeßrechnersysteme mit standardisierter Software sind heute schon sehr preiswert zu beziehen.
Entsprechend ist die Zeit im allgemeinen sehr kurz, in der sich die Systeme der beschriebenen Art refinanzieren.

```
10:30:00:000   SYNCHR
10:30:02:010   ESWB1      EMIN          ⎤
10:38:56:010   ESWB1      NORMAL        ⎥
10:40:22:015   E08        GESPRT        ⎥
10:40:58:015   KWR3       DREI          ⎬ ①
10:40:58:015   KWR2       GESPRT        ⎥
10:40:58:015   E06        GESPRT        ⎥
10:40:58:015   E09        GESPRT        ⎥
10:41:10:015   KWR1       DREI          ⎥
10:45:00:000   SYNCHR                   ⎦

29*6*76   10:30   21.50   21.44   21.44   0.98     ②
    3.64   0.20    2.96    0.76    0.80   0.00     ③
   00:00  04:01   00:00   04:01   04:37  04:01     ④
```

1 Vorgänge und Aktionen während der Meßperiode

2 Datum, Uhrzeit, Vorhalteleistung, gemessene Leistung (EVU- und Abnehmer-Meßsatz), Nutzungsfaktor

3 Verbrauch der Zusatzlastverbraucher (E-Öfen 1...3, Walzgerüste 1...3)

4 Sperrzeiten der Zusatzlastverbraucher aufgrund von Eingriffen des EKO-Systems (kumulierte Werte)

Bild 4 Meßperioden-Protokoll

Literaturhinweise

[1] S. Köhle, R. Lichterbeck, P. Schmidt:
Energieverteilungssteuerung im Elektrostahlwerk.
PDV-Berichte der Gesellschaft für Kernforschung MBH
Karlsruhe, Dezember 1976.

[2] O. Martin, W. Groenewald und G.W. Drees:
Wirtschaftlicher Energiebezug mit einer Leistungs-Spitzen-Begrenzungsautomatik (LBA).
elektrowärme international, Bd. 30 (1972),
B2, S. 69...74.

[3] Hans Matthes:
Überwachung und Regelung des Energiebezugs.
Siemens-Zeitschrift 51 (1977) Heft 6, S. 471...473.

[4] W. Groenewald und D. Sass:
Energie-Kosten-Optimierungs-System
BBC-Nachrichten 59 (1977) Heft 8/9, S. 381...387.

GERÄTETECHNIK ZUR HÖCHSTLASTOPTIMIERUNG

von Dipl.Ing. Erwin Vosswinkel, Erlangen

Fragen des Energieverbrauches stehen zunehmend im Brennpunkt des Interesses bei Energieverbrauchern und Lieferanten.

Aus der Sicht der Verbraucher werden Hilfsmittel gefordert, die ein Überfahren der mit dem jeweiligen Stromlieferanten vereinbarten mittleren Bezugsleistung zuverlässig verhindern.

Darüberhinaus ist eine Erhöhung der Benutzungsstundendauer ohne wesentliche Einschränkung des Betriebes wünschenswert. Mit einem analogen oder digitalen Energieregler lassen sich beide Forderungen optimal erfüllen.

1. Wirkungsweise des Energiereglers

Die Aufgabe, den mittleren Leistungsaustausch einer Meßperiode mit dem vereinbarten Sollwert in Übereinstimmung zu bringen, läßt sich mit der Energieregelung sowohl durch Steuerung der eigenen Erzeugung als auch des eigenen Verbrauches lösen. Nachfolgend wird die Verbrauchersteuerung behandelt.

Der Energieregler benutzt als Arbeitskriterium sowohl die vom Verrechnungszähler kommenden KWh Impulse als auch den über einen Meßwertumformer gemessenen momentanen Leistungsbezug.
(B i l d 1)

Zur Regelung stehen dem Energieregler im Allgemeinen mehrere abschaltbare Verbraucher bzw. Verbrauchergruppen zur Verfügung, deren momentane Leistungsbezüge ebenfalls über Meßwertumformer gemessen und in einem der Verbrauchergruppe zugehörigen Grenzwertmelder zugeführt werden.

Stellt der Energieregler fest, daß der gesamte momentane Leistungsbezug durch Abschalten einer bestimmten Leistung korregiert werden muß, so schaltet der mit Priorität 1 gewählte Grenzwertmelder selbständig die angeschlossene Verbrauchergruppe ab, falls deren momentane Leistung größer oder gleich der Korrekturleistung ist. Die abgeschaltete Leistung geht als Korrekturgröße in den nachfolgenden Rechnungsvorgang ein.

Die hier betrachteten Verbrauchernetze sind hinsichtlich der Möglichkeit, Verbraucher abzuschalten, außerordentlich verschieden.

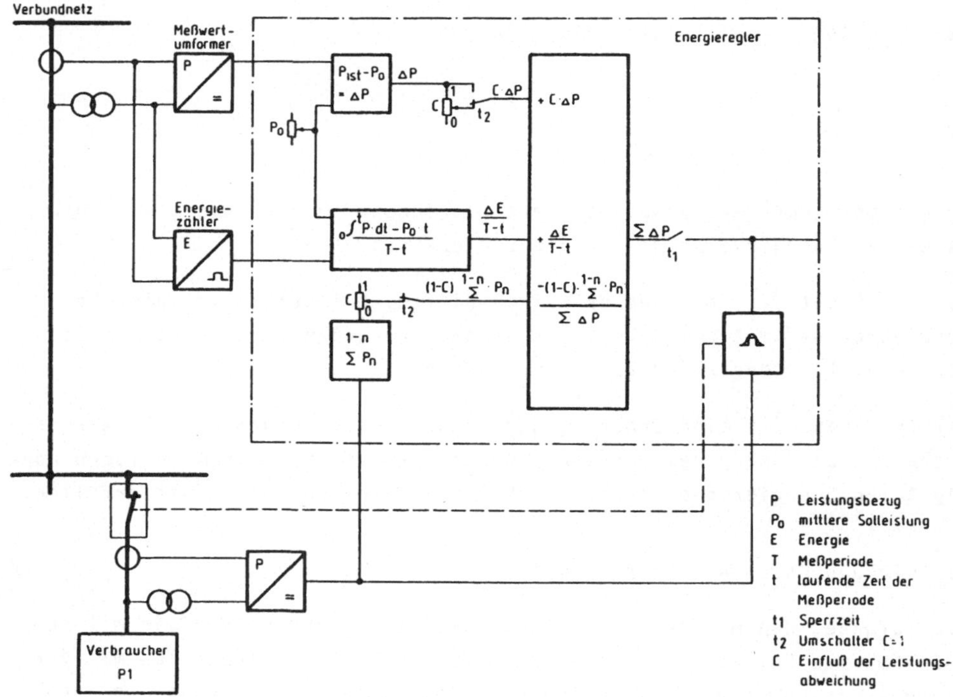

Bild 1: Prinzipielle Arbeitsweise des Energiereglers

Zur besseren Anpassung des Energiereglers an die örtlichen Gegebenheiten ist eine von 0 bis 1 einstellbare Einflußgröße C vorgesehen.

Die beiden Grenzbereiche con C bedeuten dabei:

C = 0 , es steht eine große abschaltbare Leistung zur Verfügung. Dies hat zur Folge, daß momentane Leistungsspitzen während der Meßperiode bei der Berechnung der Korrekturleistung nur über den Energieinhalt, nicht jedoch als Leistungsspitzen berücksichtigt werden. Selbst größere Korrekturleistungen am Ende der Meßperiode werden sicher beherrscht.

Dieses gilt nicht für die letzten Minuten der Meßperiode (t_2). Hier wird der momentane Leistungseinfluß auf die Regelung voll wirksam.

C = 1 , es steht nur eine sehr begrenzte Abschaltleistung zur Korrektur zur Verfügung. Dies bedeutet, daß auch kurzzeitige Leistungsspitzen während der Meßperiode zur Abschaltung führen müssen, da sonst größere Korrekturleistungen am Ende der Meßperiode nicht beherrschbar sind.

Die Einführung der Einflußgröße C bedeutet in vielen Fällen eine wesentliche Verringerung von Abschaltvorgängen und damit eine Beruhigung des Betriebes.

Zum Verständnis der nachfolgenden Gleichung des Energiereglers muß noch bedacht werden, daß bei C = 1 ein Rückführen der geschalteten Leistung in den Regelkreis nicht erforderlich ist, da die geschaltete Leistung in der Gesamtleistung erfaßt wird.

Dagegen ist bei C = 0 die Rückführung notwendig, um die Korrekturleistung um den abgeschalteten Betrag zu verringern.
Das bedeutet, daß die abgeschaltete Leistung mit einem Faktor 1 - C in die Regelung eingehen muß.

Damit folgt der Energieregler der Gleichung

$$\sum \Delta P = C \Delta P + \frac{\Delta E}{T-t} - (1 - C)\, P_n \qquad (1)$$

Die Wirkungsweise des Energiereglers wird anhand von Bild 2 noch einmal deutlich:
Ein Oberschreiten der Solleistung Po am Anfang der Meßperiode kann bei C = 1 nur durch sofortiges Abschalten zum Zeitpunkt t_1 (ca. 3-5 Min. nach Beginn der hier vorausgesetzten Meßperiode von 15 Min.) korregiert werden.
Die abgeschaltete Leistung steht dem Betrieb für den Rest der Meßperiode nicht mehr zur Verfügung.
Bei C = 0 dagegen schaltet man im Hinblick auf die verfügbare große Abschaltleistung während der Meßperiode nur in kleinen Stufen ab und korregiert am Ende mit einer kurzzeitigen, größeren Abschaltung.
Im rechten Teil des Bildes 2 ist dieser Vorgang noch einmal für den Energieverlauf dargestellt.

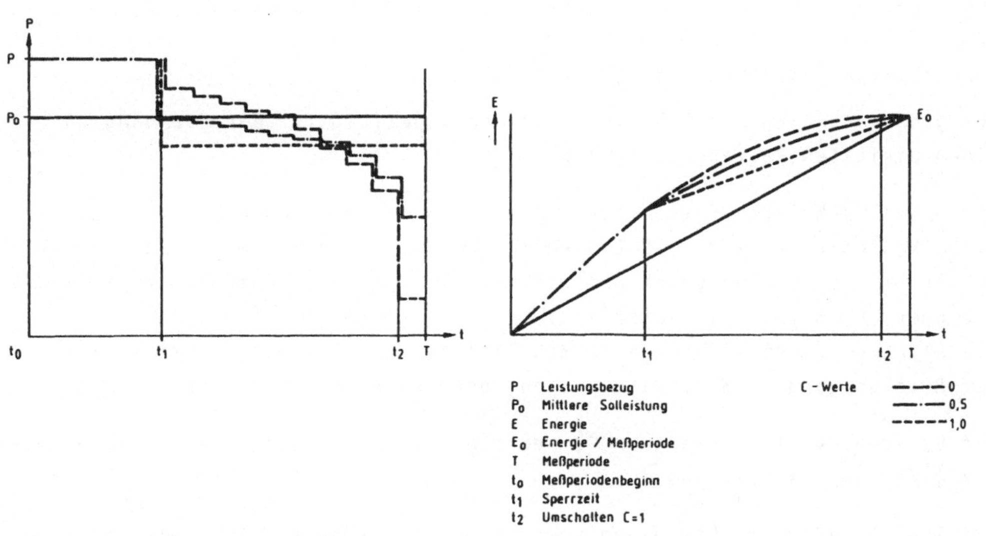

Bild 2: Leistungs-und Energieverlauf in Abhängigkeit von C

Damit kann die Zielsetzung der hier beschriebenen Energieregelung noch einmal wie folgt charakterisiert werden:

Unter Berücksichtigung der möglichen, abschaltbaren Leistung wird der Verbrauch so geregelt, daß der vereinbarte Energiebezug voll genutzt wird (er wird am Ende der Meßperiode erreicht), ein Überschreiten sicher verhindert wird und momentane Lastspitzen während der überwiegenden Zeit der Meßperiode keine Abschaltungen bewirken.

2. Ausführungsformen des Energiereglers

Das oben beschriebene Prinzip des Energiereglers ist in folgenden Ausführungsformen realisiert

- als autarkes Gerät auf analoger Basis
- als autarker Arbeitsplatz mit eigenem Minicomputer auf digitaler Basis mit entsprechender Software
- als Software-Programmpaket, integriert in die Software eines Leitstellenrechners.

2.1 Analoger Energieregler

Der analoge Energieregler ist im Einbausystem ES 902 (19 Zoll) ausgeführt und wird mit Elektronikbaugruppen der Siemens-Systeme SIMATIK(R)C und TELEPERM(R)C bestückt.
(B i l d 3)
Er besteht im wesentlichen aus der Stromversorgung, dem Zentralen Energieregler und den Schaltgruppen. Die Bedienung des Energiereglers sowie die Einstellung wichtiger Parameter kann sowohl im Schrank selbst als auch von einem räumlich getrennten Arbeitsplatz aus erfolgen.

2.2 Autarker digitaler Energieregler

Bei größeren Anlagen mit höherer Speicherkapazität ist der Übergang zu einem digitalen Regler zweckmäßig.

Die oben beschriebenen Regelvorgänge laufen dann softwaregesteuert auf einem Minicomputer z.B. SIEMENS PR 310 ab. Das Programmpaket "Energieregelung" mit einer Speicherkapazität von 24 K Worten ist auf einem Externspeicher (Floppy disk) hinterlegt.
Ein alphanumerisches Sichtgerät mit Tastatur erlaubt die Visualisierung der Regelvorgänge und Abläufe und entsprechenden Eingriffe in das Programm.

Die Berechnung der Korrektur $\frac{\Delta E}{T-t}$ erfolgt im min.Zyklus, die Gesamtkorrektur $\sum\Delta P$ im 1 sec.Zyklus.

B i l d 3 zeigt rechts einen kompletten, autarken Arbeitsplatz mit eingebautem PR 310, Floppy disk und Sichtgerät mit Tastatur.

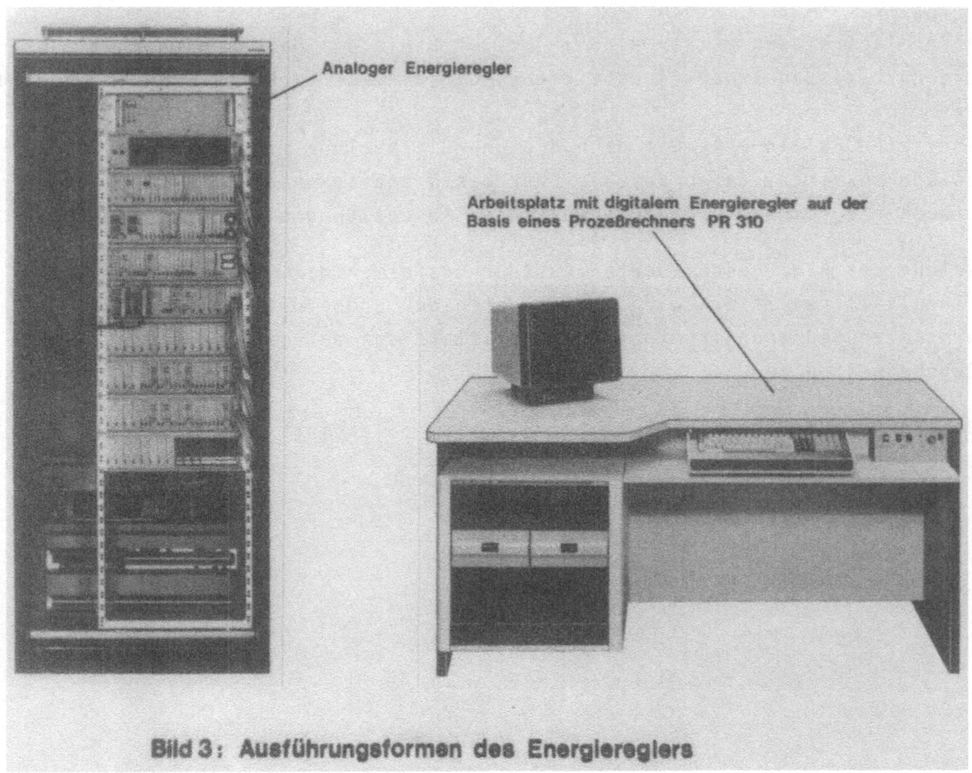

Bild 3: Ausführungsformen des Energiereglers

2.3

Bei den hier betrachteten Verbrauchernetzen kann es sich sowohl um Industrienetze als auch um Netze regionaler Versorgungsunternehmen handeln.

Auch regionale Versorgungsunternehmen gehen in zunehmendem Maße zu einer zentralen Netzüberwachung und -steuerung über.
Die dabei entstehenden Netzleitstellen sind heute durchweg mit Prozeßrechnern in Ein- oder Mehrrechnerkonfigurationen ausgerüstet.

Wird für ein derartiges Versorgungsunternehmen eine Energieregelung realisiert, so ist das o.g. Softwarepaket"Energieregelung" auch auf dem (den) Leitstellenrechner ablauffähig, vorausgesetzt, daß die dort eingesetzten Prozeßrechner der Rechnerfamilie angehören, für die das Softwarepaket für den autarken Arbeitsplatz geschaffen wurde.

Die Entscheidung, ob eine Energieregelung mit eigenem Rechner realisiert oder in den Leitstellenrechner integriert wird, kann nur nach Abwägen aller Kriterien wie Sicherheit, Reaktionszeit, Software-Transparenz etc. getroffen werden.

Bei den Netzen der regionalen Versorgungsunternehmen handelt es sich im Gegensatz zu Industrienetzen um weiträumige Netze.

Abschaltbare Verbraucher sind in erster Linie die Nachtspeicherheizungen und unkritische Produktionsbetriebe, die überall im Netz verteilt angeordnet sind.
In vielen Fällen arbeitet dann die Energieregelung mit einer Rundsteueranlage zusammen, deren Befehle über das Niederspannungsnetz den Endverbraucher erreichen und die gewünschten Abschaltungen vornehmen können.

Welche der hier geschilderten Ausführungsformen der Energieregelung im Einzelfall realisiert wird, hängt neben der Größe des Projektes vom gewünschten Bedienungskomfort und sehr stark von den jeweiligen örtlichen Gegebenheiten ab.

Der Trend zum digitalen Energieregler ist allerdings deutlich sichtbar.

LASTSPITZENSENKUNG IN EINEM MASCHINENBAUBETRIEB MIT GIESSEREI

(Ing. grad. K. Bengel, München)

Es werden an Hand von Beispielen Maßnahmen zur Lastspitzensenkung aufgezeigt, die es gestatten, sowohl auf der Stromseite als auch auf der Gasseite die Energieversorgung wirtschaftlicher zu gestalten.

1. Optimierung der Strombedarfsdeckung durch Lastspitzensenkung

Im folgenden wird zunächst eine Übersicht über die installierten Leistungen und über den jährlichen Strom- und Leistungsbedarf gegeben:

Gesamte installierte Leistung	ca.	40 MVA

die sich folgendermaßen aufteilt

2 Lichtbogenöfen	à	4,5 MVA
3 Mittelfrequenzanlagen	à	2,0 MVA
Werkzeugmaschinen und Fertigungsanlagen	ca.	19,0 MVA
Großverbraucher über 100 kVA		4 MVA
Installierte Lichtleistung		4 MVA
Jährlicher Gesamtstromverbrauch		44×10^6 kWh
davon für Schmelzbetrieb		14×10^6 kWh
Leistungsbedarf		14 MW

Die Strombedarfsdeckung erfolgt zu 80 % durch Eigenerzeugung und zu 20 % durch Fremdbezug, wobei die Sicherstellung der Stromversorgung durch den Abschluß von entsprechenden Zusatz- und Reservestromlieferungsverträgen garantiert wird.

Für eine gesteuerte Spitzensenkung auf der Stromseite kommen in solchen Betrieben in der Regel nur die Elektro-Schmelzöfen in Betracht. Andere Verbraucher, wobei es sich in der Mehrzahl um Werkzeugmaschinen handelt, lassen sich nur schwer, ohne die Produktion zu beeinträchtigen, für eine Spitzensenkung einsetzen.

Der Leistungsgang dieser letzteren Verbraucher ist also für die weiteren Überlegungen als gegeben anzusehen. Zur Begrenzung der Höchstlast bzw. zur Maximierung der Benutzungsdauer ist also eine Fahrweise der Öfen erforderlich, die die jeweiligen Lastverhältnisse des "allgemeinen Betriebes" berücksichtigt und die dessen Spitzen und Täler ausgleicht.

Der Leistungsgang des allgemeinen Betriebes, der mit geringen Abweichungen für alle Tage etwa gleich ist, ist im unteren Teil von B i l d 1 in vereinfachter Darstellung aufgetragen. Eine differenziertere Darstellung ist für die Erstellung von Gießprogrammen nicht erforderlich, da durchaus mögliche Schwankungen innerhalb der Viertelstunde leicht durch kurzzeitiges Zu- oder Abschalten der Schmelzanlagen ausgeglichen werden können. Aus dem Verlauf des Tagesleistungsganges des allgemeinen Betriebes ergibt sich unter Berücksichtigung des vorgegebenen höchsten Gesamtleistungsbedarfes aus Eigenerzeugung und Fremdbezug von 14 MW als Spiegelbild die Leistung die für die Schmelzanlagen zur Verfügung steht. Der Verlauf dieser zur Verfügung stehenden Leistung, im mittleren Teil von Bild 1 dargestellt, bildet den Rahmen für die zu erstellenden Gießprogramme. Im oberen Teil des Bildes 1 ist nun schematisch eines von verschiedenen möglichen Gießprogrammen dargestellt, nach dem die Elektroöfen gefahren werden müssen.
Das Fahren dieses Programms muß der Schichtleiter des Schmelzbetriebes in eigener Verantwortung übernehmen. Nur so ist gewährleistet, daß das vorgegebene Maximum durch die Fahrweise der Öfen eingehalten wird, die gleichzeitig die jeweiligen Anforderungen des Gießereibetriebes voll erfüllt. Eine Automatisierung des Zu- und Abschaltens ist hier praktisch nicht möglich. Aus dem schematisch dargestellten Gießprogramm, in dem die Ofenart, d.h., Lichtbogenöfen oder Mittelfrequenzinduktionsanlagen durch die unterschiedliche Schraffur angedeutet wird, zeigt sich deutlich, daß das Programm nur in der Zeit von 7^{00} - 15^{00} Einschränkungen im Schmelzbetrieb verursacht und damit betriebsorganisatorische Maßnahmen, wie z. B. personelle Verstärkung der zweiten und dritten Schicht zur Folge hat. Weiterhin werden durch entsprechende Steuerung der Formerei Kapazitäten geschaffen, die ein Abgießen der möglichen Produktion in der Zeit von 15^{00} - 6^{00} gewährleistet.
Für das nur als Block dargestellte Gießprogramm ergibt sich im einzelnen die in T a f e l 1 dargestellte Fahrweise der Öfen, wobei nur die Zeit zwischen 7^{00} - 15^{00} Uhr betrachtet wird.

	7^{00} - 8^{20}		8^{20} - 9^{40}		9^{40} - 11^{00}		11^{00} - 12^{20}		12^{20} - 13^{40}		13^{40} - 15^{00}	
LB 1	Sch.	3	F.	1	L.Ch.	0	Sch.	3	F.	1	L.Ch.	0
LB 2	L.Ch.	0	Sch.	3	F.	1	L.Ch.	0	Sch.	3	F.	1
MF 1	Sch.	1	F.L.Ch.	1	Sch.	1	F.L.Ch.	1	Sch.	1	F.L.Ch.	1
MF 2/3	Sch.	2	F.L.Ch.	1	Sch.	2	F.L.Ch.	1	Sch.	1	F.L.Ch.	1
Leistung in MW		6		6		4		5		6		3

Sch. = Schmelzen L. Ch. = Leeren, Chargieren

F. = Finen F. L. Ch. = Finen, Leeren, Chargieren

Tafel 1: Ofenfahrprogramm des Schmelzbetriebes

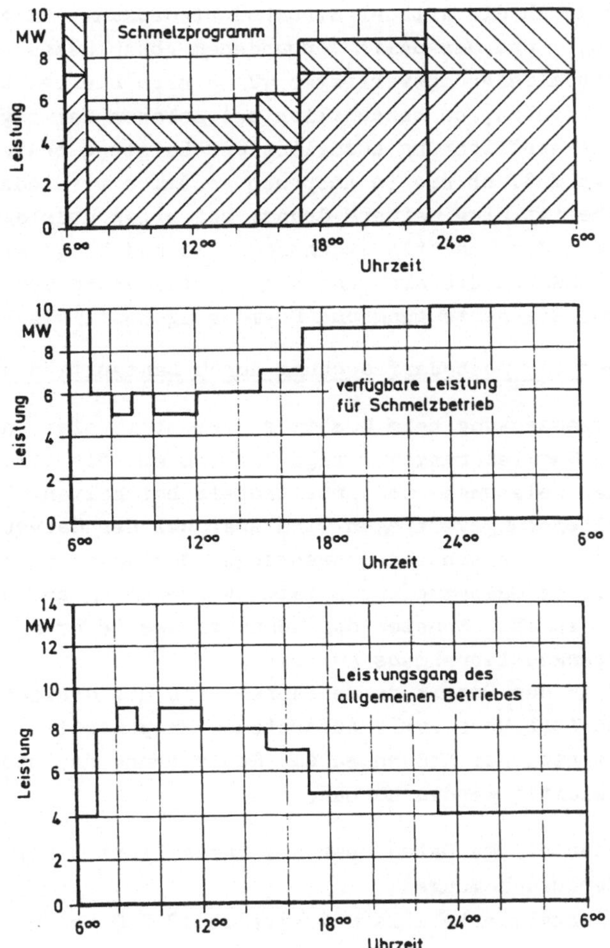

Bild 1. Leistungsganglinien Einsatz Schmelzanlagen

Aufgrund der Tatsache, daß der Einsatz der Elektroöfen - Lichtbogenofen oder Induktionsanlagen - sich jeweils nach der geforderten Gußqualität richten muß, mußten mehrere Gießprogramme aufgestellt werden, die sich jedoch alle gut in das Lastbild einpassen ließen.
Betrachtet man die ab 15^{00} Uhr für den Schmelzbetrieb zur Verfügung stehende Leistung - Größenordnung ca. 7 - 10 MW - so erkennt man darüber hinaus, daß durch eine weitere Verlagerung des Schmelzbetriebes in die Schwachlastzeiten des allgemeinen Betriebes der Gesamtleistungsbedarf noch um weitere 1 bis 2 MW reduziert werden könnte.

Bedingt aber durch die Art der Strombedarfsdeckung - Eigenerzeugung und Fremdbezug - und des damit verbundenen Abschlusses eines Zusatz- und Reservestromlieferungsvertrages würde sich hierbei kein Kostenvorteil mehr ergeben, da bekanntlich bei solchen Verträgen eine Mindestabnahmeverpflichtung bezüglich der Leistung besteht, und diese bezahlt werden muß, ob sie in Anspruch genommen wird oder nicht. Diese Tatsache ist eine weitere Grenze bei allen Überlegungen bezüglich der Optimierung des Gesamtleistungsbedarfes und birgt mit Sicherheit noch einige Reserven die sich auf eine Verbesserung der Gesamtbenutzungsdauer aus Eigenerzeugung und Fremdbezug positiv auswirken könnten.

2. Optimierung der Gasbedarfsdeckung durch Lastspitzensenkung

Eine Lastspitzensenkung beim Gasbezug gewinnt insofern an Bedeutung, als die neuen Gaslieferungsverträge ähnlich wie die Stromlieferungsverträge einen Leistungs- und Arbeitspreis beinhalten. Im Gegensatz zu den Stromlieferungsverträgen wird aber bei der Gasversorgung aufgrund der starken saisonalen Schwankungen des Gasbedarfes nur derjenige stündliche Gasbezug zur Leistungsberechnung zugrunde gelegt, der in den Tagen oder Monaten der höchsten Gaslieferung im Bereich eines Versorgungsunternehmens auftritt.
Hierbei wird in der Praxis so verfahren, daß die Gaslieferer ihre Kunden rechtzeitig über evtl. auftretende Engpaßzeiten informieren, so daß noch entsprechende Maßnahmen zur Reduzierung des stündlichen Gasbezuges eingeleitet werden können.

Zunächst wieder einige Daten über die installierten Leistungen und jährlichen Verbrauchsmengen.
Die gesamte installierte Leistung beträgt 12.500 Nm^3/h, die sich wie folgt aufteilt:

Dampferzeuger	7.400 Nm^3/h
11 Industrieöfen Bereich Gießerei	1.900 Nm^3/h
10 Industrieöfen Bereich Schmiede	1.600 Nm^3/h
9 Industrieöfen Bereich Härterei	1.000 Nm^3/h
10 Heizanlagen	600 Nm^3/h

Der jährliche Gasverbrauch beträgt ca. 27×10^6 m^3
davon für

Dampf- und Stromerzeugung	$19{,}0 \times 10^6$ m^3
Industrieöfen insgesamt	$5{,}0 \times 10^6$ m^3
Heizanlagen	$3{,}0 \times 10^6$ m^3
max. Gasbezug	1600 m^3/h

Zur Beeinflussung, d.h., zur Reduzierung des maximalen Gasbezuges sind im wesentlichen nachstehende Möglichkeiten gegeben:

2.1 Umschalten von Anlagen auf einen anderen Energieträger

Die Möglichkeiten der Lastspitzensenkung bzw. die Reduzierung der Leistungskosten durch Umschalten von Anlagen auf andere Energieträger soll hier nur ganz kurz behandelt werden. Wir setzen zur Unterbrechung des Gasbezuges ausschließlich Dampferzeuger ein, keine Öfen, wobei folgende Kriterien maßgebend waren:

- Die installierte und damit abzuschaltende Leistung muß relativ groß sein.
- Die Anlagen sollten sich leicht und möglichst unterbrechungsfrei umstellen lassen.
- Die erforderlichen Investitionen für den Umschaltbetrieb und die Einrichtungen für die Lagerung des entsprechenden Brennstoffes müssen in einer vernünftigen Relation zu den möglichen Einsparungen stehen, d.h., Minimierung der Bevorratung des Ersatzbrennstoffes durch entsprechende Gestaltung des Gasvertrages.
- Die Bevorratung muß für mehrere Anlagen zentral erfolgen können.

2.2 Erstellen von Anfahrprogrammen für Industrieöfen

Eine weitere, oft nicht genutzte Möglichkeit einer Lastspitzensenkung beim Gasbezug besteht darin, die Industrieöfen gestaffelt anzufahren. Für die Erstellung von entsprechenden Anfahrprogrammen ist aber in jedem Falle die Kenntnis des energetischen Betriebsverhaltens erforderlich. Vor allem müssen der Leerbedarf und das Verhalten im instationären Bereich (beim Anfahren und nach dem Abschalten) bekannt sein. Energiebilanzen und energetische Kennlinien von Industrieöfen erlauben unter Berücksichtigung der Fertigung und damit des zeitlichen Einsatzes dieser Anlagen den Gasbezug für das Anfahren zu minimieren.
Der Betrieb bzw. das Anfahren erfolgt dabei im wesentlichen nach folgenden Kriterien.

- Erstellen eines Wochenprogrammes über den Einsatz der Industrieöfen entsprechend der Produktion.
- Zeitlich versetztes Anfahren der in Frage kommenden Industrieöfen nach Wochenenden innerhalb der zur Verfügung stehenden Zeit - ca. 12 h - wobei die Reihenfolge durch den Leerverbrauch der Öfen bestimmt

wird, d.h., der Ofen mit dem geringsten Leerverbrauch wird als erster in Betrieb genommen, der mit dem höchsten als letzter.

- Versetztes Chargieren der Öfen innerhalb der Bereiche - Gießerei, Härterei, Schmiede -
- Vermindern von Stillstandszeiten durch entsprechende Fertigungssteuerung, d.h., z. B. Glühen auch während den Wochenenden.

Nach Durchführung dieser Maßnahmen, wobei deren Einhaltung auch hier in den Verantwortungsbereich des jeweiligen Schichtleiters fällt, ist ein Betrieb aller Öfen mit einer installierten Leistung von 4.500 m^3/h mit einem max. Gasbezug von 1.150 m^3/h, ≙ 26 % ohne Beeinträchtigung der Fertigung möglich.

2.3 Betreiben von Heizkesseln nach einem vorgegebenen Programm

Die Möglichkeiten einer Lastspitzensenkung die sich hier bieten, sollen nur kurz gestreift werden, da sie in unserem Betrieb bisher nur versuchsweise durchgeführt worden sind und demnach genaue und langfristige Ergebnisse noch nicht vorliegen.
Vorgesehen ist, sämtliche Heizkesselanlagen so zu betreiben, daß unter Berücksichtigung der erforderlichen Raumtemperaturen der Gasbezug für alle Heizanlagen ein Minimum wird.

Hierbei wird es für den Betrieb der Anlagen erforderlich, folgende Einrichtungen zu schaffen:

- Installation einer zentralen Schalteinrichtung für den Betrieb aller Kesselanlagen.
- Installation von entsprechenden Raumtemperaturfühlern, die ein Kriterium für eine mögliche Abschaltung von Kesselanlagen bilden.
- Installation von Schalteinrichtungen,die es gestatten entsprechend der Außentemperatur unter Berücksichtigung des zeitlichen Wärmebedarfs, die Nachtabsenkung zeitlich zu variieren.

Nach Installation der genannten Einrichtungen und dem Erstellen eines entsprechenden Programms, müßte es möglich sein, insbesondere den Gleichzeitigkeitsfaktor zu reduzieren und damit die Benutzungsdauer zu erhöhen, so daß die Einhaltung eines vorgegebenen Gasbezuges möglich und damit eine wesentliche Reduzierung der Leistungskosten für den Gasbezug der Heizanlagen erreicht werden kann.

LASTSPITZENSENKUNG IN EINEM KALK- UND ZEMENTWERK

Dipl.-Ing. H. Ruch, Velbert

1. Einleitung

Der Energiekostenanteil in der Kalkindustrie liegt in einer Größenordnung von 25 bis 30% vom Umsatz. Damit gehört die Kalkindustrie zu den energieintensivsten Industrien. Wenngleich der Schwerpunkt des Energieverbrauches bei den Brennstoffen liegt, so betragen die Stromkosten doch 15 bis 20% von den Energiekosten und damit rd. 5% vom Umsatz. Es besteht deshalb ein großes Interesse, sich intensiv mit allen Möglichkeiten der Einsparung von Stromkosten zu befassen, wozu in erster Linie auch die Lastspitzensenkung gehört.

Der Strom wird in Kalk- und Zementwerken überwiegend für elektrische Antriebe benötigt. Es handelt sich dabei um Antriebe mit normalerweise langen Laufzeiten für Brecher, Mühlen, Förderbänder, Drehrohröfen, Ofengebläse, Pumpen und für Luftverdichter. In dem Werk, über das hier berichtet werden soll, arbeiten die Steinbrüche und die nachgeschalteten Aufbereitungsanlagen 2-schichtig. Die Brenn- und Mahlbetriebe sowie die Verladung auf Schiene sind 3-schichtig in Betrieb, wobei die Brennbetriebe auch über das Wochenende durchlaufen.

Der Leistungsgang in einem solchen Werk wird somit geprägt durch große, relativ hoch ausgelastete Antriebe mit relativ gleichmäßiger Leistungsaufnahme. Die Anzahl der in Betrieb befindlichen Anlagen, die für Schwankungen des Leistungsbedarfs ausschlaggebend ist, hängt stark von der vom Absatz her gegebenen Produktionsmenge ab. Ein Ausgleich der Produktion über Läger ist kaum möglich, da hauptsächlich Kalk produziert wird. Branntkalk kann aber nicht in größeren Mengen gelagert werden, weil zum einen wegen der Reaktion des Kalkes mit Luft die Qualität leiden würde und zum anderen für ein billiges Massenprodukt, wie Kalk, eine Bunkerung bald an wirtschaftliche Grenzen stößt.

2. Erste Phase der Lastspitzensenkung

2.1 Ausgangssituation

Die ersten Überlegungen zur Senkung der Lastspitze wurden bereits 1964 angestellt. Die damalige Strombezugssituation ist in Bild 1 dargestellt. Das Bild zeigt die Monatswerte für den Stromverbrauch, die Lastspitze und die aufs Jahr umgerechneten, d.h. mit 12 multiplizierten Benutzungsstunden. Die Angaben für die Lastspitzen sind auf den üblichen 15 Minuten-Mittelwert bezogen.

Typisch für den Kalk-, wie auch für den Zementsektor, ist der geringere Stromverbrauch im Winter gegenüber der übrigen Jahreszeit. Für die damalige Zeit typisch ist außerdem die insgesamt ansteigende Tendenz des Stromverbrauches, die ihre Ursache in den steigenden Produktionszahlen hatte.

Die für die Verrechnung relevante Lastspitze, die aus den 4 höchsten Vierteljahresspitzen errechnet wurde, betrug 20,795 MW. Bei einem jährlichen Stromverbrauch von 111 GWh ergibt sich eine Benutzungsdauer von 5.346 h/a.

Das damalige Vertragsmodell mit einem gestuften Benutzungsstundenrabatt legte es nahe, durch Senkung der Lastspitzen eine Erhöhung der Benutzungsdauer auf über 5.500 Stunden/a anzustreben, um neben der Einsparung an Leistungskosten eine Erhöhung des Benutzungsstundenrabattes um 1% zu erzielen. Die dafür notwendige Spitzensenkung hätte 0,6 MW betragen (gestrichelte Linie in Bild 1). Die durch Leistungssenkung und Benutzungsstundenrabatterhöhung zu erwartende Einsparung bezifferte sich auf rd. 120.000,-- DM/a. Dabei ist nicht berücksichtigt, daß Lastspitzensenkungen bei im 3-schichtigen Betrieb arbeitenden Anlagen in der Regel ein Ausweichen in die tarifliche Nachtzeit und damit weitere Stromkosteneinsparungen zur Folge haben.

2.2 Maßnahmen zur Lastspitzensenkung

In einem Betrieb mit der beschriebenen Abnahmestruktur ist es ein besonderes Problem, zunächst einmal abschaltbare Verbraucher zu ermitteln. In dem vorliegenden Werk war bei den Mahlanlagen eine gewisse Reserve vorhanden, so daß schließlich die nachfolgenden drei Kugelmühlen mit Nebenaggregaten zur Abschaltung herangezogen werden konnten :

1. Stufe	600 kW	Kalkmahlanlage
2. Stufe	300 kW	Mahlanlagen für hochhydraulischen Kalk
3. Stufe	700 kW	Zementmahlanlage

Weitere Abschaltmöglichkeiten waren nicht vorhanden.

Das Abschalten und Wiedereinschalten von Mahlanlagen bei voller Belastung ist für die Qualität des Mahlgutes von Nachteil. Darüber hinaus dürfen Antriebe der hier vorliegenden Größenordnung rein technisch gesehen wegen der hohen Einschaltströme nicht häufig geschaltet werden. Für eine Lastspitzensteuerung mit Mahlanlagen ergibt sich daraus die Forderung, erst dann wieder einzuschalten, wenn mit einer längeren ungestörten Betriebsphase gerechnet werden kann. Diese Forderung steht im Gegensatz zu einer Lastspitzensenkung mit Wärmestromverbrauchern, für die möglichst rasches, wenn auch nur kurzzeitiges Wiedereinschalten optimal ist.

Um der besonderen Situation bei Mahlanlagen Rechnung zu tragen, wurde zur Lastspitzensteuerung unter Verwendung eines handelsüblichen Höchstlastwächters eine Anlage mit folgenden Funktionen konzipiert :

Nach Abschalten einer Anlage trat ein Impulsgeber in Funktion, der die abgeschaltete Leistung simulierte und einem Prüfgerät zuleitete. Dieses Gerät addierte die jeweilige Viertelstundenlastspitze mit den simulierten Leistungen und prüfte in Verbindung mit dem Höchstlastwächter, ob bei Wiedereinschalten von abgeschalteten Anlagen die vorgegebene Lastspitze überschritten worden wäre. Erst wenn dies nicht der Fall war, wurde die Einschaltung freigegeben.

Mit der so nach unserer Konzeption gebauten Lastspitzen-Überwachungsanlage wurde erreicht, daß die abgeschalteten Mahlanlagen erst dann wieder in Betrieb genommen wurden, wenn in der vorangegangenen Viertelstunde eine ihrem Bedarf entsprechende Leistung verfügbar war. Die Betriebsbereitschaft der Anlagen wurde dadurch um eine Viertelstunde gekürzt. Demgegenüber wurde aber die Anzahl der Abschaltungen der einzelnen Anlagen klein gehalten. Die von der Produktion her gegebene Forderung, die schaltbaren Anlagen möglichst selten und eher länger abzuschalten, wurde erfüllt.

Für die erste Laststufe ergab sich eine weitere Besonderheit, da es sich bei der abschaltbaren Kalkmühle um eine von vier gleich großen Anlagen handelte, in denen verschiedene Qualitäten hergestellt wurden. Um die Produktion möglichst wenig zu beeinflussen, wurde die Lastspitzensenkung nicht auf eine bestimmte Mühle fixiert, sondern es wurde durch eine Vorwahlschaltung immer die Anlage zur Steuerung herangezogen, auf die von der Absatzlage her am leichtesten verzichtet werden konnte. Die hierzu von uns entwickelte Vorwahlschaltung bewirkte außerdem, daß bei Stillstand der für die Abschaltung vorgewählten Mühle in wählbarer Reihenfolge solange weitergeschaltet wurde, bis die erste tatsächlich in Betrieb befindliche Anlage abgeschaltet war. Damit wurde sichergestellt, daß immer 600 kW schaltbare Leistung zur Verfügung standen, solange überhaupt Mühlen in Betrieb waren und daß weiterhin die von der Produktion her gegebenen und wechselnden Prioritäten für den durchgehenden Betrieb einzelner Mühlen berücksichtigt wurden.

2.3 Ergebnisse

Mit der beschriebenen Anlage war es gelungen, die Benutzungsdauer auf 5.960 h/a zu erhöhen. Die Einsparungen beliefen sich auf 120.000,-- bis 180.000,-- DM/a. Die Kosten für die Überwachungsanlage betrugen damals rd. 15.000,-- DM. Hinzu kamen ca. 10.000,-- DM für die innerbetriebliche Verkabelung und für die beschriebene Vorwahlschaltung.

Gegen Ende der 60er Jahre wurde der Spielraum für Abschaltungen immer enger, da wegen der laufenden Produktionssteigerungen die freie Kapazität immer mehr zusammenschrumpfte. Als schließlich Mühlen wegen fehlender Kapazität auf höhere Leistungen umgebaut werden mußten, mußte mangels abschaltbarer Verbraucher die Anlage zur Lastspitzensteuerung außer Betrieb genommen werden.

Durch die höhere Auslastung der Anlagen wurde die Abnahmestruktur aber soweit verbessert, daß auch ohne Abschaltungen 5.800 bis 6.000 Benutzungsstunden erreicht wurden.

3. Zweite Phase der Lastspitzensenkung

3.1 Wiederinbetriebnahme der Lastspitzen-Überwachungsanlage

Als Folge des konjunkturbedingten Produktionsrückganges und der damit verbundenen schlechteren Auslastung sank im Geschäftsjahr 1975/76 die Benutzungsdauer auf 5558 h/a, nachdem sie im Jahr zuvor noch 5937 h/a betragen hatte. Durch den Produktionsrückgang standen wieder abschaltbare Kapazitäten zur Verfügung, und zwar in folgender Höhe :

1. Stufe	700 kW	Zementmahlanlage
2. Stufe	950 kW	Kalkmahlanlage
3. Stufe	700 kW	Zementmahlanlage
4. Stufe	650 kW	Kalkmahlanlage

Insgesamt wurden damit von drei gleichgroßen Zementmühlen zwei und von zwei Kalkmahlanlagen mit zwei gleichgroßen Mühlen je eine zur Lastspitzensteuerung herangezogen. Das unter 2.2 beschriebene Vorwahlprinzip wurde beibehalten.

Neu installiert wurden Momentanleistungsschreiber und Viertelstunden-Lastspitzenschreiber in den beiden Leitständen für die Mahlanlagen. Weiterhin wurde ein Warnlampen-System eingeführt. Das Aufleuchten einer roten Lampe zeigt dem Bedienungspersonal an, daß die Gefahr einer Höchstlastüberschreitung gegeben ist und auf keinen Fall weitere Anlagen zugeschaltet werden dürfen.

Je nach den betrieblichen Gegebenheiten und der Höhe der erreichten Lastspitze, die nunmehr in den Leitständen bekannt ist, werden häufig auch von Hand Anlagen außer Betrieb genommen. Dadurch werden die Zwangsabschaltungen und damit verbundene Nachteile für die Qualität auf ein Minimum reduziert. Ein weiterer, nicht gering einzuschätzender Vorteil liegt in der durch aktive Beteiligung besseren Motivation der von den Abschaltungen betroffenen Mitarbeiter.

3.2 **Ergebnisse**

Es ist gelungen, die Benutzungsdauer in 1976/77 auf 5.994 h/a und in 1977/78 auf 6.315 h/a zu steigern, wobei der letzte Wert einen absoluten Rekord darstellt. Die Monatswerte für Lastspitzen, Benutzungsdauer und Stromverbrauch sind auf Bild 2 dargestellt.

Die Einsparung aus Leistungskosten und Benutzungsstundenrabatt beträgt für das Jahr 1977/78 420.000,-- DM.

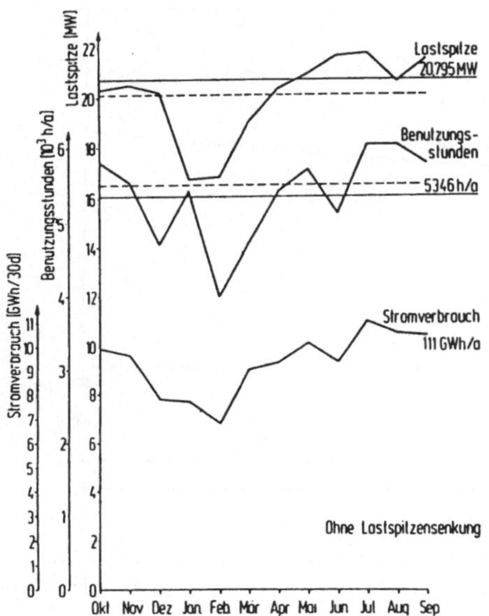

Bild 1. Lastspitze, Benutzungsstunden und Stromverbrauch für ein Kalk- und Zementwerk (ohne Lastspitzensenkung)

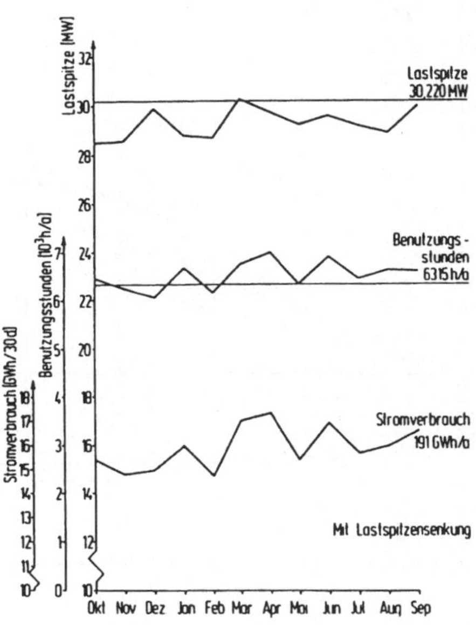

Bild 2. Lastspitze, Benutzungsstunden und Stromverbrauch für ein Kalk- und Zementwerk (mit Lastspitzensenkung)

3.3 **Neue Lastspitzen-Überwachungsanlage**

Bei Lastspitzen-Überwachungsanlagen der beschriebenen Art mit konventioneller Gerätetechnik sind die Verzögerungszeiten, nach denen die Laststufen nacheinander geschaltet werden, von Hand einstellbar. Diese Einstellung stellt immer einen Kompromiß dar, der, wie nachfolgend gezeigt wird, häufig zu Fehlschaltungen führt.

Wird beispielsweise die vorgegebene Höchstlast bereits zu Anfang der Viertelstunde relativ stark überschritten, so werden bei kurz gewählten Verzögerungszeiten zu viele Laststufen abgeschaltet. Ein derartiger Fall ist in Bild 3 aufgezeigt. Der Leistungsbedarf steigt in der zweiten Minute relativ stark an. Nach 0,5 Minuten wird die Soll-Linie für die eingestellte Höchstlast überschritten und nach einer Verzögerung von 1,5 Minuten wird die Stufe S 1 abgeschaltet. Es folgen mit einer Verzögerungszeit von je 1,5 Minuten die Stufen S 2 und S 3, obwohl das Abschalten von S 2 erst später und von S 3

überhaupt nicht notwendig gewesen wäre. Die Verzögerungszeiten waren für diesen Fall also zu kurz.

Tritt demgegenüber gegen Ende der Meßperiode eine Höchstlastüberschreitung der hier dargestellten Art ein, beispielsweise in der 11. Minute, so würde der Sollwert überschritten. Für diesen Fall wären die Verzögerungszeiten zu lang.

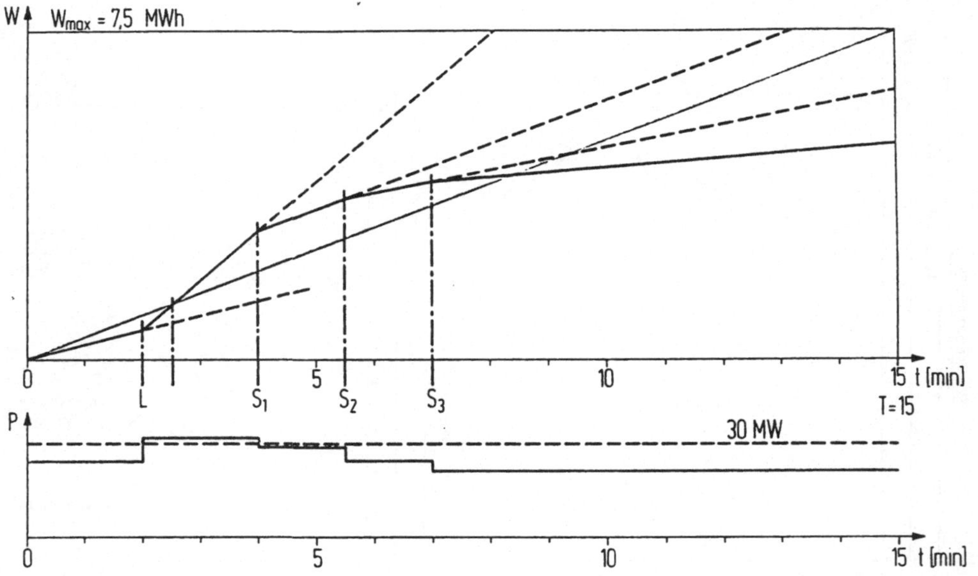

Bild 3. Lastspitzen - Überwachung vorhandene Anlage

Die Nachteile durch die konstanten Verzögerungszeiten erwiesen sich im Laufe der Zeit als sehr gravierend. Deshalb wird noch in diesem Jahr eine neue Anlage installiert werden, die in Verbindung mit einem Kleinrechner die stufenweisen Abschaltungen optimiert. Die Anlage extrapoliert den momentanen Istzustand laufend auf das Meßperiodenende und schaltet so wenig Anlagen wie möglich zum jeweils spätest möglichen Zeitpunkt ab. Die Arbeitsweise ist in Bild 4 dargestellt.

Derartige Anlagen sind heute handelsüblich und werden von verschiedenen Herstellern angeboten. Die Kosten betragen etwa 70.000,-- DM. Hinzu kommen Aufwendungen für die innerbetrieblichen Anschlüsse, die auf 40.000,-- DM geschätzt werden. Die alte Anlage wird als Reserve beibehalten und soll automatisch in Funktion treten, wenn die neue Anlage eine Störung aufweist.

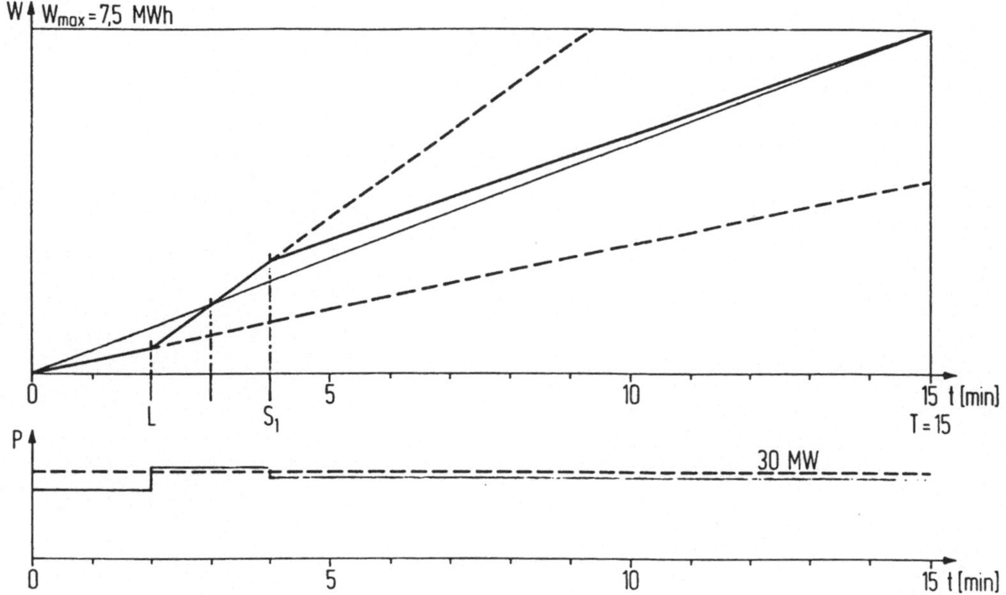

Bild 4. Lastspitzen - Überwachung neue Anlage

4. Zusammenfassung

Der Strom wird in Kalk- und Zementwerken überwiegend für elektrische Antriebe benötigt. Der Leistungsgang solcher Werke wird geprägt durch große, relativ hoch ausgelastete Antriebe mit relativ gleichmäßiger Leistungsaufnahme. Für die Lastspitzensteuerung durch Abschalten kommen in erster Linie Mahlanlagen infrage, sofern eine entsprechende Überkapazität vorhanden ist.

Aus Qualitätsgründen sowie aus technischen Gründen ergibt sich die Forderung, unter Inkaufnahme längerer Abschaltzeiten, die Anzahl der Schaltungen so klein wie möglich zu halten. Die Wirkungsweise einer für diesen Fall entwickelten Anlage zur Lastspitzen-Überwachung wird beschrieben. Weiterhin wird über eine Auswahlschaltung berichtet, die es dem Bedienungspersonal erlaubt, die Prioritäten für die Abschaltung von Anlagen selbst zu wählen.
Die mit der beschriebenen Anlage erzielten Einsparungen lagen bei einem jährlichen Gesamtstromverbrauch von 110 bis 190 GWh/a zwischen 120.000 DM/a und 420.000 DM/a.

LASTSPITZENSENKUNG IN EINEM RÖHRENWALZWERK

Klammer, Helmuth, Ing.(grad.),
Mülheim (Ruhr)

1. Allgemeines

Wie bei allen Großabnehmern besteht auch für das Werk Mülheim der Mannesmannröhren-Werke ein Stromlieferungsvertrag, der die Versorgung und die Preisstellung regelt. Im wesentlichen bilden dabei die gelieferte elektrische Arbeit und die beanspruchte Leistung die Grundlage zur Findung des Strompreises.

Das Werk Mülheim, als größtes Werk der Mannesmannröhren-Werke, betrieb bis zur Umstruktuierung im Jahre 1972 u.a. auch einen Elektroofen mit einer Anschlußleistung von 40 MW. Es war bis dahin möglich, sich seines hohen Anschlußwertes als Steuerungselement für auftretende Lastspitzen zu bedienen. Mit seiner Außerbetriebnahme entfiel diese Möglichkeit.

Zufälligkeiten in der Abnahme der elektrischen Leistung führten in der Folge zunächst zu hohen unbeeinflußbaren Leistungsspitzen, die unvermeidlich waren. Aus diesem Grunde wurde nach neuen Möglichkeiten zur Lastspitzensteuerung gesucht. Unter Einschaltung der "Gesellschaft für praktische Energiekunde", München, wurden Analysen über Abschaltmöglichkeiten innerhalb der einzelnen Werksbereiche erstellt.

2. Beschreibung der Werks- und Fertigungsstruktur

Das Werk gliedert sich heute im wesentlichen in

- drei Röhrenwalzwerke für nahtlose Rohre
- eine elektrische Widerstandsrohrschweißanlage
- eine Großrohranlage mit vorgeschaltetem Grobblechwalzwerk und
- einige kleinere Fertigungsbereiche.

Die gesamte installierte Leistung beträgt ca. 200 MW, die effektive Inanspruchnahme ca. 65 MW (B i l d 1).

In diesem Zusammenhang seien noch weitere Hinweise auf den jährlichen Energiebedarf des Werkes gegeben. Bei Vollauslastung beträgt die Fertigerzeugung ca. 2 Mio t. Dazu wird an Energie benötigt ca.:

- 320 Mio kWh elektrische Energie
- 280 Mio m^3 Erdgas
- 300 Mio m^3 Druckluft

- 5 Mio m^3 Sauerstoff
- 100 Mio m^3 Wasser
  (dieser Bedarf wird im wesentlichen durch Kreislaufwirtschaft abgedeckt).
  Der Frischwasserbezug beträgt nur ca.
- 12 Mio m^3.

Die Verbrennungsenthalpie des Erdgases wird mit den z.Z. eingebauten Wärmerückgewinnungsaggregaten bis zu ca. 50% genutzt. Über die weitere Verwendung der verbleibenden Restwärme werden im Rahmen eines Wärmeverbundprojektes augenblicklich Überlegungen über ihre weitere Nutzung angestellt.

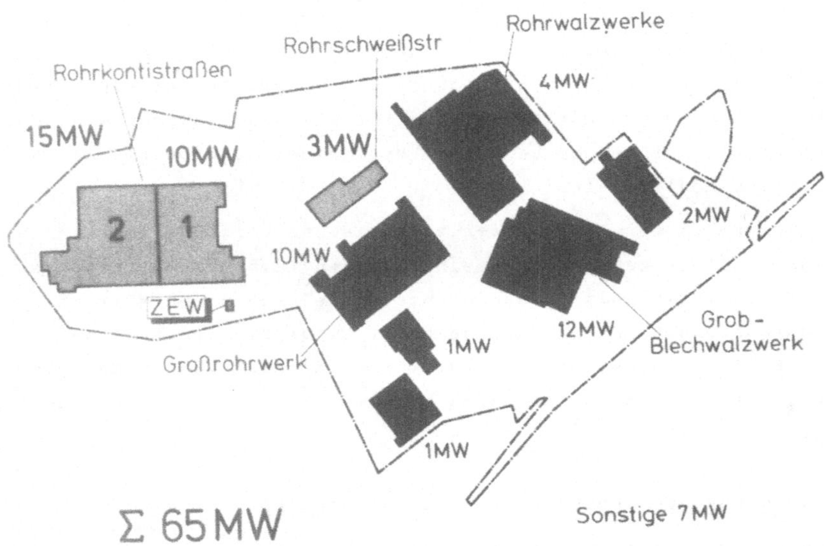

Bild 1. Leistungsaufteilungen

3. Analyse verschiedener Abschaltmöglichkeiten

Bei der Betrachtung von Verbrauchergruppen zur Lastspitzensteuerung muß man von unterschiedlichen Voraussetzungen ausgehen. Dabei handelt es sich einerseits um Fertigungseinheiten mit genügend kurzer Reaktionszeit - das ist die Zeit zwischen der Warnungsmeldung und der frühestmöglichen Abschaltung - bei geringer vertretbarer Beeinträchtigung der Fertigung. Beim Elektroofen ist dieses beispielsweise der Fall, da hier in kurzer Zeit eine hohe Abschaltleistung wirksam wird. Andererseits hängt die Größe der absenkbaren Leistung davon ab, zu welchem Zeitpunkt innerhalb der Meßperiode die Abschaltung erfolgt und wie die Auswirkungen sich darstellen.

Als Beispiel seien hier kontinuierlich arbeitende Fertigungsstraßen genannt. Hier kann bei einer Abschaltung nur das erste Aggregat gesperrt werden. Die Herausnahme der folgenden Aggregate erfolgt nacheinander, weil die Weiterverarbeitung des noch in der Straße befindlichen Walzgutes sichergestellt werden muß.

Die Treffsicherheit der abzuschaltenden Leistung ist ungünstig und hängt im wesentlichen von der Technologie des Produktionsverfahrens sowie von der Dauer der Durchlaufzeit des Walzgutes durch die Straße ab. Frühzeitiges Abschalten kann Leistung verschenken und führt zu unnötigen Produktionsbelästigungen. Bei zu spätem Abschalten ergibt sich die Gefahr, nicht mehr genügend Leistung absenken zu können, was zu Maxima-Überschreitungen führen würde. Das Optimum aus diesen Überlegungen konnte im allgemeinen nicht theoretisch gefunden werden, man mußte sich vielmehr durch geeignete Messungen an den günstigsten Zeitpunkt herantasten.

Für die Untersuchung boten sich zunächst wegen der Höhe der Anschlußleistung die im Bild dargestellten Rohrkontistraßen, das Großrohrwerk mit dem vorgeschalteten Grobblechwalzwerk und die Widerstandsrohrschweißanlage an.

Die daraufhin erfolgten Auswertungen der Untersuchungen ergaben als wichtigste Erkenntnis, daß das Grobblechwalzwerk wegen einer besonderen technologischen Behandlung des Walzgutes nicht mit in den Kreis der abschaltwürdigen Produktionsanlagen einbezogen werden konnte. Übrig für die Maximum-Steuerung blieben somit nur noch die

Rohrkontistraße 1
Rohrkontistraße 2 und
Rohrschweißanlage.

Die Prioritäten der Herausnahme während einer Abschaltphase wurden nach der vorgenommenen Untersuchungsauswertung zunächst in der vorgenannten Reihenfolge festgelegt. Das Auswertungsergebnis des ersten Stromwirtschaftsjahres zeigte jedoch, daß genau die Umkehrung der Reihenfolge zu den günstigeren Resultaten führen würde.

4. Eigenheiten der abschaltwürdigen Anlagen

Am Beispiel einer Rohrkontistraße soll nunmehr die Möglichkeit einer Lastspitzensteuerung für kontinuierlich arbeitende Straßen aufgezeigt werden (B i l d 2).

Nach dem Rohrkontiwalzverfahren erfolgt eine kontinuierliche Rohrfertigung auf einer Straße. Diese besteht im wesentlichen aus einem Drehherdofen, einem Schrägwalzwerk, dem eigentlichen kontinuierlichen Walzwerk - kurz Kontiwalzwerk genannt -, einem Nachwärmofen

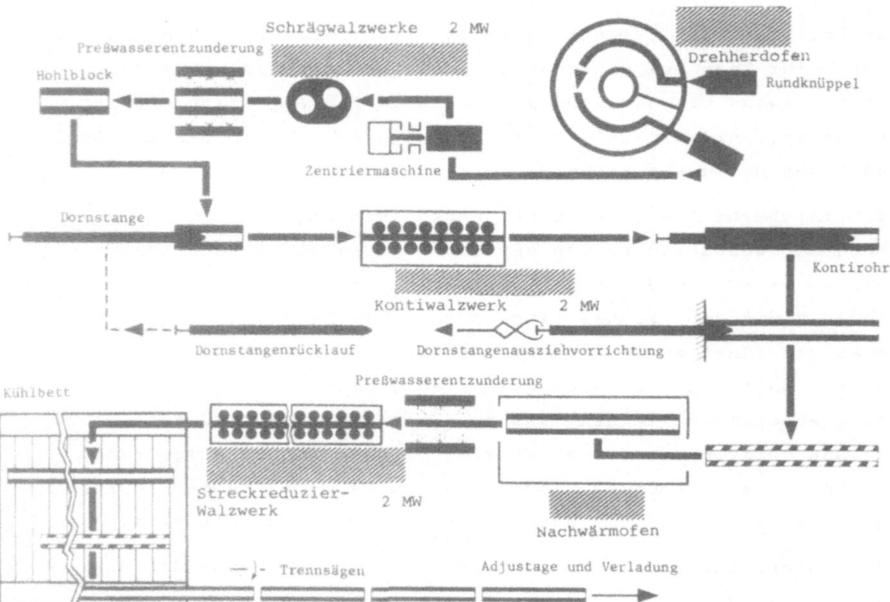

Bild 2. Schema Rohrkontistraße

und einem Streckreduzierwalzwerk. Das Werkstück wird nach dem Ziehen aus dem Drehherdofen unter Einschaltung der verschiedenen Verformungsaggregate in einem Durchlauf fertiggestellt. Der Arbeitstakt der Straße kann 15 Sekunden betragen.
Kurze Taktzeitfolge bedingt naturgemäß eine dichte Straßenbelegung bis zum Auslauf. Die Strecke muß also leergefahren werden, was bedingt, daß die Aggregate nur nacheinander in der Fertigungsstraße abgeschaltet werden können. Somit werden zunächst das Schrägwalzwerk, das Kontiwalzwerk und bei erforderlich hohen Abschaltleistungen das Streckreduzierwalzwerk herausgenommen. Bei letzterem dient als Voraussetzung, daß der Nachwärmofen keine Rohrluppen mehr übergibt. Diese Straße kann also nicht insgesamt außer Betrieb genommen werden, wenn Produktionsausfälle durch Ausschuß vermieden werden sollen.

5. Praktische Abschaltleistung

B i l d 3 zeigt den Momentanleistungsverlauf der zur Leistungssteuerung herangezogenen Anlagen.

Die unteren Kurvenzüge geben den Leistungsrückgang der Rohrkontistraßen wieder, wenn die kontinuierliche Produktion der Straßen in der 10. Minute der laufenden Meßperiode durch Sperrung der Blockanlieferung aus den Drehherdöfen unterbrochen wird. Alle noch in der Straße befindlichen Blöcke werden in gleicher Taktfolge weiter verformt. Erst nach ca. einer Minute setzt der Rückgang der

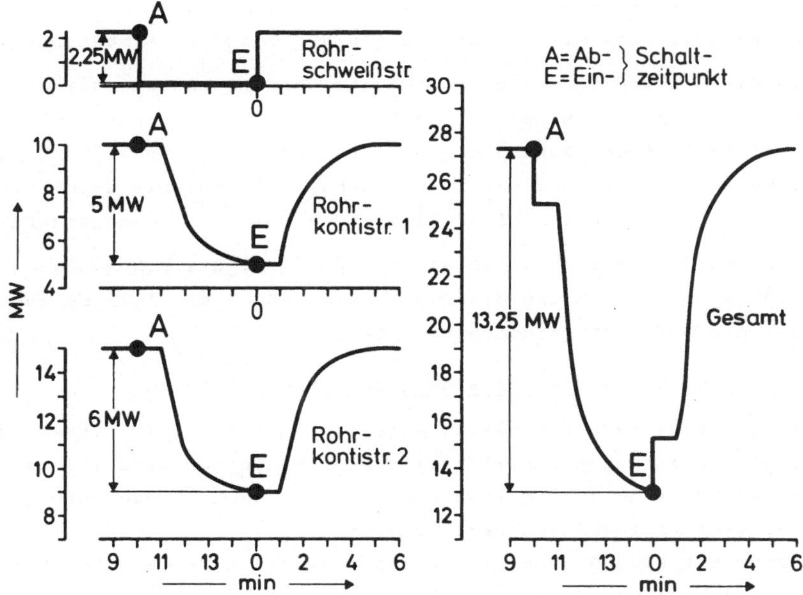

Bild 3. Momentanleistungen in der Abschaltphase

Momentanleistung ein. Wie ersichtlich, wird nach weiteren vier Minuten der niedrigste Leistungswert erreicht.
Werden die Anlagen zum Zeitpunkt Null freigegeben, so steigen die Momentanleistungen nach einer Minute wieder an und erreichen in der 5. Minute die vollen Werte.

Durch Vorverlegung des Abschalt- und Freigabezeitpunktes wäre es grundsätzlich möglich, den Rückgang der Momentanleistung voll in die laufende Meßperiode zu verlagern. Voraussetzung dafür ist aber, daß mindestens schon in der 9. Minute abgesicherte Überschreitungswerte vorliegen, was meist dann noch nicht der Fall ist.
Andererseits zeigt sich in der Praxis, daß Maximumüberschreitungstendenzen oft in aufeinanderfolgenden Meßperioden auftreten. In solchen Fällen dämpft dann der in die folgende Meßperiode fallende Anteil den Überschreitungstrend und trägt damit ebenfalls zur Lastspitzensenkung bei.

Wesentlich anders zeigt sich der Momentanleistungsverlauf bei der Abschaltung der Rohrschweißanlage. Hier wird durch Sperrung des Schweißstromgenerators die Produktion unterbrochen. Dadurch tritt ein sprungförmiger Leistungsrückgang ein. Hierbei ist ein Materialausfall, der aber relativ gering ist, unvermeidbar.
Gelingt es, die Straße innerhalb der Sperrzeit wieder produktionsbereit zu machen, so tritt bei Freigabe der Anlage augenblicklich ein ähnlich steil verlaufender Leistungsanstieg ein.

Bei gleichzeitiger Abschaltung aller Anlagen ergibt sich der in der rechten Seite des Bildes aufgezeigte Rückgang der Momentanleistung.

Wird die mit den beteiligten Produktionsbetrieben abgestimmte Anlagensperrzeit von fünf Minuten eingehalten bzw. voll ausgenutzt, so kann bei gleichzeitigem Abschalten der drei Anlagen eine sich abzeichnende Sollwertüberschreitung von 3 MW abgebaut werden. Die dabei wirksam werdenden Leistungsrückgänge sind in Bild 4 eingetragen.

So tragen die Rohrschweißanlage mit 0,75 MW, die Rohrkontistraße 1 mit 1,0 MW und die Rohrkontistraße 2 mit 1,25 MW zum Abbau der Sollwertüberschreitung bei.

6. Darstellung und Beschreibung der Abschaltstation

Voraussetzung für eine gezielte gewinnbringende Lastspitzensenkung war die Schaffung einer zentralen Stelle, in der alle Informationen zur Durchführung von notwendig werdenden Abschaltungen mit genügender Genauigkeit zeitgerecht verfügbar sind.
Hierfür bot sich die bereits vorhandene Zentrale Energiewarte des Werkes an, die ständig besetzt ist (Bild 5).

Die Höchstlastüberwachungsanlage wurde nach einem werkseigenen Konzept erstellt. Sie arbeitet elektronisch digital. Alle Überwachungs- und Bedienungseinrichtungen sind in einem Pult untergebracht. Es werden folgende Werte verarbeitet und ausgewiesen:

- Die "Restzeit" (Feld A) der laufenden Meßperiode beginnt ihre Zählung mit 14 Minuten und 59 Sekunden und endet bei Null. Somit ist die verbleibende Zeit in der Meßperiode stets ablesbar.
- Die Anzeige der "Tendenz" (Feld B) liefert alle 9 Sekunden einen auf 15 Minuten hochgerechneten Wert der bis zum Rechenzeitpunkt übernommenen Leistung.
- Der "Höchstwert" (Feld C) der vorausgegangenen Meßperiode und der momentane "Istwert" der laufenden Periode werden hier ausgewiesen.
- Der "Sollwert" (Feld D) bildet das zeitlineare Hochlaufen der Leistung auf den erlaubten Höchstwert nach.
- Die "Differenz" (Feld E) "Istwert - Sollwert" erlaubt eine Beurteilung der z.Z. beanspruchten Leistung.
  Negative Werte geben Auskunft über die noch verfügbare Leistung in der Meßperiode, während positive Werte bereits Überschreitungen für das Ende der Meßperiode signalisieren.

Die zur Auswertung von Abschaltphasen benötigten Werte werden über einen Drucker protokolliert.

Im unteren Feld sind die Schalter für das Stillsetzen der Walzenstraßen untergebracht. Das Heraus- und Hereinnehmen dieser Produktionsanlagen erfolgt also direkt übergeordnet und ferngesteuert von der "Zentralen Energiewarte" aus.

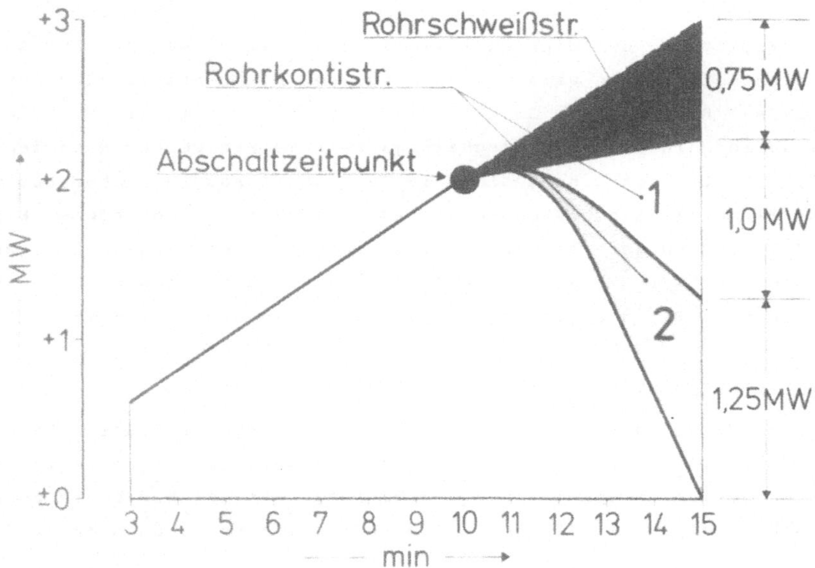

Bild 4. Sollwertüberschreitung

Die Auswahl und Anordnung dieser Instrumentierung zur Lastspitzenüberwachung und -steuerung hat sich in den bisher überwachten fünf Stromwirtschaftsjahren hervorragend bewährt.

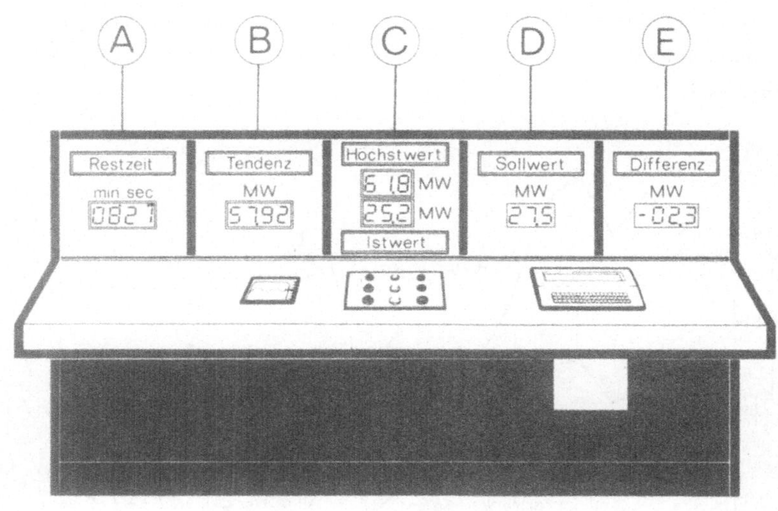

Bild 5. Höchstlastüberwachung

7. Einsparungen

Die Ermittlung der wahrscheinlichen Lastspitze, welche ohne Abschaltungen aufgetreten wäre, erfolgt aus der Dokumentation der Abschaltphasen (B i l d 6). So ist beispielsweise in diesem Bild die Situation eines Stromwirtschaftsjahres wiedergegeben. Nach dem Stromliefervertrag errechnet sich die Leistungsinanspruchnahme aus dem Mittel der zwei höchsten Monatslastspitzen in verschiedenen Monaten des Verrechnungszeitraumes. Der verrechnete Leistungswert ergab sich danach zu 60,1 MW (Situation A), der wahrscheinliche zu 62,65 MW (Situation B). Die gesamte eingesparte Leistung betrug somit 2,55 MW.

8. Verrechnungsmodus

Um den Betrieben einen Anreiz für die Herausnahme ihrer Anlagen bei der Lastspitzensteuerung zu bieten, war vereinbart, den erwirtschafteten Gewinn anteilmäßig gutzuschreiben. Hierbei wurde die Summe der Abschaltzeiten und die jeweilige Leistungshöhe berücksichtigt.

Eine Aufstellung ergab, daß gegenüber dem Gewinn nur etwa 2% für die Ausfälle während der Straßenstillstände aufgewendet werden mußten.

Dieses gute Ergebnis gab Veranlassung, die Lastspitzensteuerung auch auf weitere Werke der Mannesmannröhren zu übertragen.

Allein im Werk Mülheim konnten bis heute Einsparungen in Höhe von einigen Mio DM verbucht werden.

Als Resultat ist festzuhalten, daß auch bei anderen Werken mit ähnlich gelagerter Struktur Möglichkeiten für eine gewinnbringende Lastspitzensteuerung bestehen. Voraussetzung hierfür ist, daß vor Inangriffnahme eines solchen Vorgehens eine gründliche Analyse der vorhandenen Möglichkeiten erstellt wird, um im Endeffekt eine optimale Lösung zu erreichen.

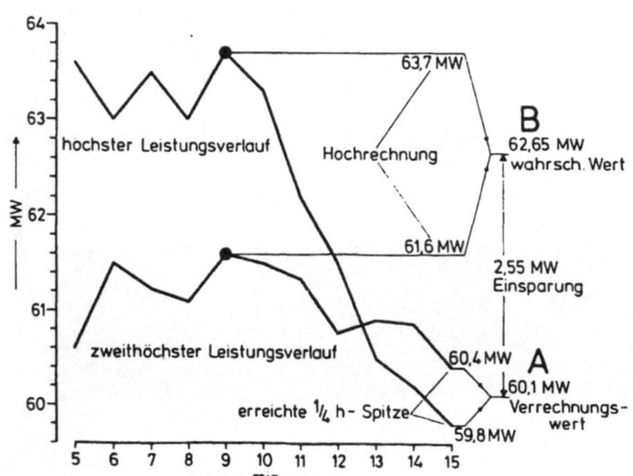

Bild 6.
Eingesparte Leistung

AUTORENVERZEICHNIS

Bengel, K., Ing. grad.	Krauss-Maffei, München
Bouillon, H., Dipl.-Ing.	Forschungsstelle für Energiewirtschaft, München
Burchard, H.-J., Dr. rer.pol.	Mineralölwirtschaftsverband, Hamburg
Geiger, B., Dr.-Ing.	Lehrstuhl für Energiewirtschaft und Kraftwerkstechnik der TU München, München
Gossenberger, M., Dipl.-Ing.	ELEKTROMARK, Hagen
Haeberlin, A., Dr.rer.pol.	Ruhrgas AG, 4300 Essen 1
Jensch, K., Dipl.-Ing.	Forschungsstelle für Energiewirtschaft, München
Klammer, H., Dipl.-Ing.	Mannesmannröhren-Werke AG, Düsseldorf
Lange-Hüsken, M., Dipl.-Ing.	Rheinisch-Westfälisches Elektrizitätswerk AG, Essen
Loew, H., Dipl.-Ing.	Isar-Amperwerke AG, München
Meysenburg, H., Dr.-Ing. E.h.	Energietechnik GmbH, Kettwig
Nierhaus, R., Dipl.-Ing.	AEG-Telefunken, Hameln
Piller, W., Dipl.-Ing.	Lehrstuhl für Energiewirtschaft und Kraftwerkstechnik der TU München, München
Riesner, W., Prof.Dr.sc.oec.	Ingenieurhochschule Zittau, Zittau, DDR
Ruch, H., Dipl.-Ing.	Rheinische Kalksteinwerke, Wülfrath
Rudolph, M., Dipl.-Ing.	Lehrstuhl für Energiewirtschaft und Kraftwerkstechnik der TU München, München
Sass, D., Dr.mont.	Brown, Boveri & Cie., Mannheim
Schaefer, H., Prof.Dr.-Ing.	Lehrstuhl für Energiewirtschaft und Kraftwerkstechnik der TU München, München Forschungsstelle für Energiewirtschaft, München
Vosswinkel, E., Dipl.-Ing.	Siemens AG, Erlangen
Wiesner, B., Dipl.-Ing.	Forschungsstelle für Energiewirtschaft, München
Winkens, H.P., Dipl.-Ing.	Mannheimer Versorgungs- und Verkehrsgesellschaft mbH, Mannheim